Side@Ways

Langaa &
African Studies Centre

Side@Ways

Mobile margins and the dynamics of communication in Africa

Edited by

Mirjam de Bruijn, Inge Brinkman & Francis Nyamnjoh

Langaa

Langaa Research and Publishing Common Initiative Group
PO Box 902 Mankon
Bamenda
North West Region
Cameroon
Phone +237 33 07 34 69 / 33 36 14 02
LangaaGrp@gmail.com
www.africanbookscollective.com/publishers/langaa-rpcig

African Studies Centre
P.O. Box 9555
2300 RB Leiden
The Netherlands
asc@ascleiden.nl
www.ascleiden.nl

Cover photo: Market in the village of Boubou, Chad, March 2012 [Djimet Seli]

ISBN: 9956-728-76-4

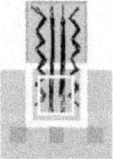

Contents

List of maps

List of photos

List of tables

Introduction: Mobile margins and the dynamics of communication

Mirjam de Bruijn, Inge Brinkman & Francis Nyamnjoh

> 'If we squander this chance to study mobile use, it will not come again'
> (Ling & Donner 2009: 4)

The quote above reads like a riddle, an edict or a timely invitation for researchers to make intellectual capital from mobile technologies in an increasingly inter-connected world of flexible mobilities. While there are indeed multiple technolo-gies of mobility (mobile devices), Ling & Donner refer here specifically to the mobile phone or cell phone.[1] Indeed the rapid increase in mobile-phone use over the past decade is an unprecedented technological revolution due to its speed and its popularity in all social categories and geographical regions, although obvi-ously not for all and everywhere to the same degree. New communication tech-nologies are always being introduced. One simply has to think of the invention of writing or the introduction of the printing press in fifteenth-century Europe to see the relativity of today's so-called ICT revolution (Darnton 2000). Gitelman and Pingree's (2003) seminal work entitled *New Media, 1740-1915*, with its com-ment that 'all media were once new media', highlights the importance of histori-cal interpretation when discussing technological change. It is fashionable for so-cieties and individuals, including scholars, to be euphoric about new technolo-gies, as Powell (2012: 44) reminds us in a critical review of *Mobile phones: The new talking drums of everyday Africa* (de Bruijn *et al.* 2009):

> The mobile phone has relegated talking drums to being communication devices of the tradi-tional past particularly because of their convenience and multiple use options and of course, the outside introduction of this technology into the African continent indicating a demand for its integration into everyday life. However, to call mobile phones the new talking drums of everyday Africa suggests that mobile phones have triumphed over the talking drum even as a preferred method of communication which may not be the case. While it may have tri-umphed over the talking drum in its convenience it has not done so in its initial responsibility as a communication device. If we agree that the widespread and various uses of the mobile phone were influenced by the benefits and potentials of the talking drum, telephone and other forms of communication leading to the modernization of those traditions, we should then be waiting in anticipation for the next fad in mobile communication among Africans when the mobile phone gets married to something else; when mobile phones become the *old* talking drums of everyday Africa.

---

[1] Mobile phone and cell phone are used interchangeably in this book.

1

The tendency to be elated about the new technologies of the day, notwithstanding the history of technology, is also indicative of how extraordinary the speed of today's technologically driven change is. It may be comparable to the period around the turn of the twentieth century when the rapid introduction of technologies such as the telegraph, the motor car, the telephone and the radio transformed social landscapes in remarkable ways (cf. Gleick 2011). Research on the invention of the Internal Combustion Engine (Gewald, Luning & van Walraven 2009) indicates the importance of this period, marked as it was by a revolution in communication. Another period was between the 1960s and 1990s and was characterized by an electronic revolution that led to the convergence of many technologies (the telephone, computer, radio and television) in what is today commonly referred to as the Digital Revolution, a never-ending process of new technologies creatively blending old technologies with new ones to yield innovative outcomes that shape and are shaped by social relationships of various kinds.

Such periods of change in communication, transport and mobility function as a window to a myriad of other social changes that influence relationships, encounters and interconnections in unfathomable ways. The Mobile Africa Revisited research programme,[2] which started in 2008, emerged from an engaged interest at an exciting time when Africa's cities and rural areas were in the process of becoming connected to the mobile phone and other wireless technologies. Hence the first book in this series: *Mobile phones: The new talking drums of everyday Africa.* Today, as published research and contributions to this current volume indicate, the initial hype is fast fading and making way for more nuanced and complex accounts of how the mobile phone and the societies that have embraced it are mutually shaping each another (Lamoureaux 2011; Powell 2012; Tazanu 2012; van Pinxteren 2012). Change in this area is indeed rapid but it is such change that pushes social scientists off the euphoria bandwagon and into contemplating serious research beyond the immediate attractions of prescription and aspirations. This explains the shift in focus in our team's research towards understanding the relationships of conviviality and interdependence or processes of mutual accommodation and/or conflict between technologies (the mobile phone in this instance) and the individuals and communities that have adopted and adapted them over time and space. This volume – the second in the series – evidences this preoccupation with the need for accounts that are complex, nuanced and multi-perspective in nature and that reflect things as they are, and not as they

---

[2]   This Wotro-funded programme is entitled *Mobile Africa revisited: A comparative study of the relationship between new communication technologies and social spaces (Chad, Mali, Cameroon, Angola, Sudan and Senegal)'.* See: http://mobileafricarevisited.wordpress.com. The programme's researchers have been working in different contexts so workshops were organized to foster intensive debate in Bamenda, Cameroon in January 2009, January 2010 and January 2012. The team also spent time together in the Netherlands in 2008. This book presents the results of these workshops and discussions.

ought to be or how we would like them to be. The contributions here are preoccupied with the study of the social shaping of the mobile phone in Africa, and not with the wishes, fantasies and expectations of us as researchers or development agents. We regard this edition as a step in an ongoing research process and not only invite further study on these issues by other scholars, but will also continue our own efforts in understanding the relations between communication, ICT, mobility and social relations in Africa in our future publications.

With the title of this edition we have tried to capture the dynamics of marginality and mobility. 'Sideways' can be associated with marginality in the sense that it concerns places and spaces 'at the sides' (not in the centre). It also implies mobility as 'sideways' means a process of 'going towards'. The movement called in with the concept 'sideways', however, may not be a movement to the centre, but 'to the sides' (as in 'mobile margins', see below). Sideways also means something 'social', in the sense that looking sideways implies a form of solidarity, of moving together and moving towards others.

As already indicated above, this social aspect of 'sideways' may not always be easy. It is hardly surprising that a closer look at how African migrants and their relatives are harnessing the mobile phone and making it available and reachable suggests a much more tempered reality. Tazanu (2012) in his ethnographic accounts based on fieldwork in Freiburg (Germany) and Buea (Cameroon) suggests conclusions that run counter to most theoretical literature that states that the mobile phone cements transnational social relationships through instantaneous interaction. He argues that it is mainly migrants who maintain or are expected to maintain ties with non-migrants back in Cameroon through calls and material support. His study reveals that the mobile phone and the Internet have increased discontent, grudges, insults, fights, avoidance, arguments and estrangement of relationships much more than they have contributed to binding friends or families through direct mediation. Underlying these aspects of distantiation are the high expectations and sometimes contradictory motives for instant virtual interaction. Non-migrants' accounts suggest that direct availability and reachability should lead to uninterrupted transnational interaction and that the cultural practices of remittances from migrants are easily requested and coordinated. Such motives are generally contrary to migrants' wishes, willingness or ability to support friends and families in Cameroon. The unexpected outcomes arising from the rapid speed of interaction questions the advantages that are often associated with instant sociality across space and time. This finding is a call for the cultural background and world life experiences of media users to be taken into consideration when theorizing about the significance of information technology in the debate on media globalization. The chapters by Henrietta Nyamnjoh, Siri Lamoureaux and Imke Gooskens (Chapter 8, 9 and 3, this volume) reveal similar complexities and ambiguities when it concerns 'home', 'returning' and mutual expectations.

Communication technologies and societal change

The examples above indicate the immediacy and speed of contact by mobile phone. This may be a characteristic that features in all evaluations of mobile-phone users, while the notion of bridging distance can be an important element too. Most contexts show relationships between developments in youth culture and mobile-phone use connected with concepts like social status and trendiness. Ling & Donner (2009) have identified three broad fields of study in mobile communication:

➢ mobile communication and power relations (pp. 112-123);
➢ mobile communication, rule transgressions, quasi-legal and illegal activities (pp. 124-128); and
➢ mobile phones as symbols or vehicles of globalization (pp. 129-132).

They question how 'revolutionary' the mobile phone has been as a factor in societal change. Have matters indeed changed or is the mobile phone establishing the same things and the same sorts of relating but using a different tool?

While these fields of research may be important in all contexts, we are convinced that they are different in different communities. Adoption-and-adaption processes of newly introduced communication technologies do not result in the mobile phone functioning in the same manner in all societies: Technologies come to be embedded in local cultures and histories. In other words, we are not reasoning here from within the perspective of technological change but by taking people in their daily lives as our guiding principle for researchapter The processes of transformation in society and those in technology cannot be understood without taking the historical context into account. Reasoning from the notion of 'appropriation', we steer clear of technological determinism and opt for a contextual approach that views technologies as merely one part of the range of tools, practices and ideas that exist in communities. This means that we cannot subscribe to any ideas of a universal and general impact of technologies on society: People make technologies fit their daily lives.

This volume focuses on mobile-phone use in specific African communities, namely those that have a long history of mobility and are designated as marginal by their own members or other people. These concepts are briefly discussed in this introduction. The arrival of the mobile phone is shown to have changed the perceptions and ideas of ordinary people in Africa. Our research was developed in the margins and has led to a definition of the 'mobile margins', which have also increasingly become a reality because of the new tools available for communicating. Mobile phones and the mobile margins in Africa, both of which are connected to the rest of the world, have mutually shaped each other and it is the everyday mundane communication that makes the difference for people living in these margins. They do, of course, reproduce hierarchies and rhythms of the mundane but now in a much larger social space. This process of dynamic communication in an enlarged space constitutes the major difference with possibilities for communication in the past.

The other side is what we label 'mobile governance', which can have both positive and negative effects. It is not, in most instances, easy to live in a marginal position, which may imply illegality, and to be subject to new forms of control. While it is widely hoped and assumed that new ICT will lead to different forms of political participation and democratization, the opposite may also be true. New ICT could be used to implement new forms of control or forms reminiscent of Orwell's 1984. Big Brother appears to be present, particularly in African nations where governments are struggling to control their subjects and to stay in power. In these countries, mobile communication is not the democratizing force many had hoped it would become.

The contributions in this volume are all situated in the development of this communication technology, but to varying degrees. Two extremes are represented by South Africa (Chapter 3) that had 100% connectivity in 2010, and Central Chad (Chapter 1) where coverage has still only reached 27%. These ITU (International Telecommunication Union) statistics are of course estimates and ignore the fact that people may use phones in different ways, that the regional differences within the countries are quite large and that some phones may have more than one SIM card (cf. Ling & Donner 2009, Chapter 1). However, the indications are that there are huge differences in connectivity in Africa.

Such differences do not grow in a vacuum. To gain a clearer understanding of the disparate growth of mobile telephony in Africa, it is necessary to look for historical explanations. During the colonial era, the history of communication technologies and infrastructure clearly reflected colonial interests in an economic and political sense, with investments in roads, telegraph systems and landline telephony mirroring colonial notions of economic efficiency (cf. Parsons 2012). The legacies of this infrastructure and these methods of telecommunication have had a bearing on changes in this sphere. This at least partly explains the investments in South Africa and East African countries where colonial economies were based around organizing economic gain. Likewise, the history of urban Bamako in Mali, as described by Naffet Keïta in Chapter 7, and that of rural Kom in Cameroon in Chapter 6 by Walter Nkwi show the various outcomes of these policies. The tele-density in these areas is related to the history of the infrastructure that was set up by the colonial governments.

Current economic possibilities are also playing a role in the investments made by multinational telecom firms. The liberalization of the telecommunications market in the 1990s marked the beginning of a new branch in the business, with a new system of sale, retail and distribution being set up. Initially viewed as a risk, the customer market in Africa was soon seen to be full of opportunities and a new Scramble for Africa ensued.

The first company to enter the African market was Celtel, a Dutch-based company that started activities in 14 African countries using Dutch development aid. Today, there are more than 100 companies active on the continent and they are making huge profits. Our work has focused on the regions in Central, West and Southern Africa that have their own history of mobile-phone introduction. However competition in the market is growing and most companies have adopted a pro-poor strategy to enable the less well-off to become customers too. This has been a successful move and the market share of MTN, a South African company operating in Cameroon, has quickly risen. The sale of Celtel, first to Zain (Kuwait) and then to Bharti (India) is also indicative of its success in the African market.

The case studies in our programme represent a typical set of regions within the African mobile-phone landscape in the sense that they are all areas that are regarded as marginal in the national economic, social and/or political context. It is especially in such regions, where infrastructure and telecommunications have historically been of limited capacity, that the most intensive dynamics were expected to be seen following the introduction of the mobile phone. Social change and transformation were always likely to play a larger role here than in areas already familiar with a relatively extensive road network, landline connections, functioning mail services and various types of mass media.

Another rationale for choosing so-called marginal regions was the fact that mobility is crucial for an understanding of the communities in these regions. Many people from such areas venture away in search of education, health services and work and therefore often live spread over vast areas, with communities being less tied to geographical place than to social networks formed by strings of people. Such translocal and often even transnational dynamics obviously imply complex patterns of communication and interaction. These considerations led us to focus on the interrelations between mobility, marginality and new ways of communication. This volume thus concentrates on changes in social relationships.

Mobility

Mobility as a research theme in the social sciences is still in its infancy but with the notion of globalization gaining currency, studies in this field are increasing. Slowly the paradigm has shifted from fixed places to mobile spaces. Clifford's (1992) article on 'travelling cultures' can be seen as an early landmark and he proposes viewing mobility not as the exception but as the norm in contrast to earlier paradigms of permanent settlement. For many people, travelling and moving are at the heart of their lives. Similarly, the changes in the possibilities for travel and mobility in the twentieth century inspired, for example, John Urry (2007) to focus on mobility as a way of interpreting both current changes and the future.

These and other studies have helped us develop a framework for our Mobile Africa Revisited research programme. While acknowledging today's rapid developments in communication and travel, we feel that too much of the debate hinges on the idea of a present-day 'mobility revolution'. It is our contention that these changes can only be interpreted in historical terms: Mobile mentalities or mobile cultures are built on past experiences of movement. In many African societies where land used to be abundant but labour was in short supply, migration and mobility were always important in socio-economic life (de Bruijn, Foeken & van Dijk 2001).

Such an historical approach is especially important in relation to stereotypical notions of Africa's past. Often traditional societies are portrayed as being inherently static and isolated and various authors have pointed to the sedentarist bias in research and policy orientations: Culture and identity are presumed to be strictly related to geographical place. As Greenblatt pointed out, 'the reality, for most of the past and once again for the present, is more about nomads than about natives' (Greenblatt 2010: 6; see also Malkki 1995). In Africa's past and present, people, ideas, goods, cultural expressions and technologies travelled and interacted (Hofmeyr 2004). The idea of viewing mobility as self-evident and sedentarism as something abnormal is thus not new in many African contexts. Rather than viewing translocal communities as a new development related to globalization, as is done in much of the present literature, we propose viewing the new possibilities in communication and travel as having been made to fit historical patterns of African mobility and a past full of movement and social networks spread over distances. We do not deny the changes in the realm of communication, transport and their technologies but frame these in a history of mobility patterns and a rich past of ICT. Thus the chapter by Walter Nkwi (Chapter 6) analyzes the convergences and differences between past messages in the colonial era and the mobile phone in the course of Cameroon's history, an approach that is also clear in Djimet Seli's discussion (Chapter 1) of the development of mobile technologies in Chad.

The contributions also demonstrate how the mobile mentalities of many Africans have influenced their ways of communicating and how this mentality has shifted in relation to the introduction of mobile telephony. Research in the US and Europe has concluded that distances seem to be disappearing in social relating as a result of the ease, immediacy and speed of connectedness of the new technologies (cf. Ling 2004). The chapters in this volume again come up with quite disparate findings. Djimet Seli (Chapter 1) argues that connectivity in war-torn Chad is associated with fear, and disconnectivity seems to reflect the mobile mentality better in this case. Henrietta Nyamnjoh explains that, in the case of Senegalese migrants who make it to Europe (Chapter 8), connectivity has become a link that feeds into the expectations and anxieties of the people who stay put. And Sudanese students in Khartoum (Chapter 9) have embraced their new connectivity to create a close-knit community along ethnic lines. In this particular case study, Siri Lamoureaux stresses the importance of the types of messages, their content and their linguistic features. The new ICT is not about distance alone but also about the messages conferred. How close are these relationships and what are the messages being given to those at both ends about adventure, prosperity and failure or success? The content of the messages feeds into new desires for mobility.

Marginality

Geographical mobility is often related to perceptions of marginality. In many cases, people regard venturing out of an area as an investment in better opportunities in the realm of education, income, health services, religious care or adventure. In this way, mobility is regarded as a way to access what one does not have in the place from where the movement has been undertaken. This notion of a 'better elsewhere' is relative, as is the notion of marginality. One is marginal in relation to another situation or to a definition of the 'good life'. A distinction is made in Migration Studies between voluntary and involuntary migration (cf. de Bruijn, Foeken & van Dijk 2001), which introduces the moment of choice into the mobility debate. Indeed people may be forced to move because of war, drought or some other circumstances that are making life unbearable, but voluntary migration can also be motivated by an involuntary perception of oneself as being deprived. Both voluntary and involuntary migration are based on the decisions people take in relation to their perception of the situation in which they are living and the expectation that it is better elsewhere that are well fed by the content of the communication. This may be prompted by government decisions or economic demands. The case studies in this volume represent different forms of marginality. In her chapter (Chapter 2) on the people living in the Casamance in Senegal, Fatima Diallo shows that marginality has become part of a *raison d'être*, in the sense that the whole notion of being marginalized by the Senegalese state feeds into the call for independence. In such a case, marginality is turned into a useful tool for reaching one's goals (cf. Ribot & Peluso 2003). In the cases of Sudan and Chad, the Nuba and the Hadjeray view their own positions as marginalized *vis-à-vis* the state. Their histories are also full of state atrocities against them and these render their conceptualization of marginality as being intrinsically related to violence.

It is clear that marginality as a concept cannot be captured in one phrase: It may be related to a geographical region but it may equally concern a group of people. It might be related to climatological circumstances of drought or may be an economic notion of limited natural resources or of vast distances to more economically central regions. And it may be a factor of political neglect, sometimes accompanied by violence. Some people view themselves as marginalized while others are labelled as 'marginal' by outsiders. This may involve a more individualized perception of marginality, or one often also related to a social group and people who collectively feel they are in a marginal position.

Marginality is never absolute. Within groups of marginalized people, some social categories may be more marginalized than others, for example, women, youth or the poor. This stands out very clearly in the contribution by Khalil Alio (Chapter 5), who argues that the Guéra region of Chad has a long history of ecological, economic, political and social exclusion. He focuses on the different aspects of poverty and how these are experienced by Hadjeray women who feel not only marginalized as Hadjeray but also on the basis of their gender. In turn, among women as a group, there are elite women, poor women, educated women and illiterate women. Marginalization is thus a diversified concept. In this volume we also learn of different forms of marginality: Nigerians in Cameroon may be economically in a privileged position but socially and politically they have been forced into a marginal one. The chapter by Tangie Fonchingong (Chapter 4) reveals both the types of marginality and the historical processes involved, arguing that types of marginality undergo change over time as the political and economic conditions in the region change.

The relativity of marginality is also shown in Imke Goosken's chapter (Chapter 3) on young Angolan immigrants in South Africa. While these youngsters may be pushed into a marginalized position in the South African context in a bureaucratic and a popular sense, they may be regarded in their country of origin as people who have received above average opportunities and are seen as being successful rather than as marginal. Likewise, Hadjeray living in Chad's capital N'Djamena may be socially marginal in this urban context but, in the eyes of villagers in Central Chad, they have 'made it' in town. Such patterns of migration connect margins and centres: Migrants function both as part of the urban centre and as part of the marginalized region they originate from. Such connections between margins and centres may also be the creation of the state. Fatima Diallo's work (Chapter 2) on Casamance, Senegal reveals how the state is attempting to reach the most remote corners of the country and establish its influence there too.

To conclude, we view marginality as a relative, contextual concept that comes in many forms and can be evaluated in different ways. It knows no absolute status. At the same time, we also hold that marginality is a process, is subject to change and may involve feelings as well as aspects of reality. It is suggested that linkages may exist between mobility and marginality, although this is not necessarily the case.

Mobile margins

Mobility and the interpretation of marginality are related, and ideas referring to this complex interrelationship are communicated between people. In the various case studies presented in this volume, the central question is how communication and its changing patterns are influencing the relationship between mobility and marginality, and how this informs people's identities and belonging. The notion of marginality alters when it is confronted with different people and other horizons. This means that more contact, more communication, more information and more knowledge about other people and regions may also change feelings of deprivation and the longing for participation in other ways of life. Mobility related to adventure is probably not always based on real deprivation but on feelings of being excluded and trying to become included. This links our two concepts of marginality and mobility into the notion of mobile margins:

> We propose the term 'mobile margins' to denote the connections between 'remote regions' and the migrant communities attached to them. New mobility patterns and dynamics of social interaction between migrants and their home communities result from the introduction of ICT, just as old logics are mobilised to shape the new ICTs. (taken from the project's original research proposal)

The chapters in this volume discuss the interrelationship between communication, mobility and marginality and present the various forms the mobile margins can take. Each chapter highlights a different mobile margin where communication plays a central role. Various forms of mobility and mobility histories are presented and all lead to the existence of different ways of mobile margins. They are related to forms of marginality as defined by people who move and by their families and friends. Depending on the distance, the possibilities for contact and the financial aspects involved, people more or less actively engage in contacting others they feel attached to. This may result in differently 'lived' mobile margins: In some cases hardly any contact is possible, while in others, strings of people are connected through an intensive range of visits, calls and other forms of exchange. For example, during the civil war in Angola, Angolans in Cape Town had few if any opportunities to meet or even contact Angolans back home, while Nigerians in West Cameroon had plenty of opportunities to meet others in Nigeria. Nigerians have many ties with Cameroon historically and culturally and maintain ties within the mobile margins of Nigerians but also in the host society. Tangie Fonchingong (Chapter 4) explains how political rule may have a direct bearing on the changing position of migrants in a given society. For other migrants this may be very different. They may interact closely with people who are in the same position and people who are 'back home' and only have very limited contact with the host society. This could also be true for some of the boat migrants from Senegal that Henrietta Nyamnjoh describes in her chapter (Chapter 8).

The mobility patterns in Chad, Sudan, Senegal (Casamance) and South Africa are influenced by conflicts and wars, and the mobility patterns in the case studies of Senegal (boat migrants) and Cameroon are described more in terms of economic concerns. They do not try to understand the mobility patterns of whole regions but instead concentrate on people who have a long history in community formation and relate to each other as a result of a shared language, ethnicity or mobility history. These are people spread over the whole world or over two countries but who still relate to a similar idea of being a community, emphasizing the sharing of a language, ethnic identity and roots in a similar cultural pattern and history. We have labelled these 'strings of people' and the notion is probably mostly visible in the life history of a young Angolan man presented by Imke Gooskens (Chapter 3) who alternates between living in South Africa and Angola. He belongs to a string of people who are in a certain space that is not related to national boundaries but identifies much more with being an Angolan youth. The emphasis on strings of people has allowed us to give mobility a place as part of a community space instead of as a movement in a geographical sense. In this community space, definitions of home and relating are continuities in space, and we can thus talk of mobile margins as also being the relationship and definition of relating to the outside world. We can, therefore, observe the actual creation of mobile margins themselves.

Communication

Communication is as much about transport and mobility as it is about exchange and sharing. These elements come together in this book. Discussions surrounding mobility lead to the conclusion that the facilitation of transport has also influenced the space, speed and accessibility of geographical mobility. In the sociolinguistic interpretations of communication, the main tool for communicating is language. Communication between people who are far apart is facilitated by hard technologies, i.e. phones, telegraphs, letter writing) that have increasingly become part of the communication infrastructure. This infrastructure in Africa dramatically changed during the colonial era with the introduction of the motor car, the construction of roads and later with advances in air transport, but also with voice communication from telegraph to fixed telephone, and to the mobile phone of today. The history of communication shows an increase in the accessibility of the communication tools for common people (cf. Nkwi 2009, and this volume, Chapter 6). On the other hand, the contribution by Naffet Keïta (Chapter 7) demonstrates how these changes in infrastructure have a materiality of their own in the form of the tools and the technological inventions surrounding it. He discusses the changing ways of public phoning in relation to the development of telephone technologies. The materiality of phone technologies is part of the changing communication landscape. It is clear that communication technology is not a neutral tool that will have its effects in every society in similar ways. On the contrary, these technologies are well adapted and appropriated, or even domesticated, in the process of being and interrelating with people. These examples show that McLuhan's figure/ground ensemble is also relevant in today's communication developments: The medium itself comes with and becomes embedded in an entire context of structures and practices.

Communication and its related technologies are not at the centre of all the chapters in this book. However they all discuss mobility and marginality in the era of new communication tools, either in the present or the past. One point of appropriation is when a new technology arrives in a certain territory. The state plays a role as it is introduced through state policies and the possibilities and limitations of an introduced technology are already then at least partly being defined. For example, communication services are often extremely limited in areas that are situated in the margins of the state. As they are politically and economically not at the centre of state attention, governments often do not see the need to invest money in infrastructure and transport. This, in turn, increases the marginal position of these regions. Road networks and telecommunication services may therefore be limited and in a bad state due to lack of maintenance.

In the realm of communications, there are many uncertainties that lead to marginalization (with letters not being delivered, lines of visits cut, roads not being maintained etc.). The role of the state in this is important: State bureaucracy limits people in the fields of communication, media and transport instead of providing services to facilitate them. The mobile phone is playing a role in overcoming these limits, although practical problems (recharging batteries, costs, network problems) and again the state (cutting off the network) limit possibilities (Brinkman & Alessi 2009).

There have been a number of studies done on the state, the media and control, although this literature usually deals with mass media and the role of propaganda (see Chomsky 2002). But, and this has so far been little studied, states also try to control subjects through personal media, both by limiting end-users' possibilities to accessing these media and by creating networks of control running through personal media. The case of Chad, as explained by Djimet Seli (Chapter 1), shows people's fears of state control through personal media, such as the mobile phone. People from Central Chad had hoped to at least partly overcome marginality through mobile-phone use but their hopes were soon dashed as the state seized this new ICT in an attempt to extend its control over its citizens. In a way, such state control can be interpreted as a form of marginalization, just as the lack of (communication) technologies constitutes a form of marginality. All the same, citizens are employing new ICT to avoid state control. In Senegal, for example, people call each other and use coded messages to avoid problems with the police.

Mobility in the past often meant disconnection, as people had few opportunities to stay in touch with people back home. War and involuntary mobility too led to breaks within families and other social networks. The new ICT has in many cases contributed to re-establishing lost contacts, with family members being able to trace their families via the mobile phone. It has also been a factor in intensifying contact between the 'margins' and the 'centres' and many migrants in the so-called mobile margins can now call home and exchange news, pictures and other items thanks to this new technology.

Such intensified exchange has consequences for a person's sense of belonging and notions of identity. As the chapter by Siri Lamoureaux points out, devices like the mobile phone may 'facilitate an emerging sense of social solidarity in new ways' (p. 180, this volume) and new ICT may double identities: People are 'here' and 'there' at the same time. The mobile phone and other new forms of ICT enable them to straddle the boundaries between the margins and the centre.

It is sometimes assumed that the new ICT is leading to a decrease in the personal visits and exchanges between people but this is not necessarily always the case. For official occasions, such as baptisms and burials, people can now be sure that all the invitations they send out will arrive in time, so the chance of people missing the ceremony has been reduced. In this sense, the new ICT may even increase the number of visits. Henrietta Nyamnjoh (Chapter 8) also shows that virtual exchange often precedes actual mobility and visits in person. The new forms of ICT offer many possibilities for connecting and this is considered as positive by migrants and people 'at home', but at the same time new claims, anxieties and uncertainties are arising.

Control

New anxieties in Chad are closely related to state control and, as Castells (2009) points out, 'communication is power'. Communication and its technologies have the power to soften exchanges, provide information and give voice to those who want it. In ICT4D (ICT for Development) discussions, the democratization of communication as an effect of the new ICT is an important argument for investing in the sector (cf. Ekine 2010; Wasserman 2010). Indeed the chapters of this volume emphasize the use of the mobile phone and communication by people who feel disadvantaged and try to open up new possibilities through mobility and communication. Their sense of empowerment, however, does not seem to imply a stronger relationship with the wider world. On the contrary, the tendency is to retreat into one's own mobile community. These contributions raise doubts and questions about the liberalizing force of new ICTs. In policy circles the emphasis is on political participation and more social equality through new ICT but African end-users do not stress these in their evaluation of the mobile phone and the Internet, instead emphasizing their private use of these media, family networks and small-scale exchanges of news and greetings. Apart from this, states may also employ new ICT to limit democratization tendencies, as Seli's example shows in Chad (Chapter 1). And Fatima Diallo (Chapter 2) explains how the state is trying to control the Casamance, a region where it has had limited access for more than two decades due to rebel control of the area. She discusses the positive and negative aspects of these attempts at ruling. These two articles raise the important issue of increasing control in our world. The state's (or international bodies') attempts to contain and police mobile margins in the wake of flexible mobility are becoming ever more paradoxical. The rights of people regarding these communication tools or the rights of the government to use them to rule are generally ill-defined in Africa, where regulatory bodies are frequently controlled by the state and, in many cases, do not function properly and consumers' organizations have only limited influence (cf Southwood s.d.).

An example that would subscribe to an emancipatory tendency is the case study by Khalil Alio who describes how women from Central Chad are starting to organize education, viewing literacy as the way to a bigger world, a liberating force through which they hope to overcome poverty and marginalization. In a very different way, communication technologies are also mentioned as helping end-users as people can warn each other about police harassment, road blocks, fighting in war zones and incidences of highway robbery. These warning systems may indeed increase end-users' control and agency and allow them to lead their lives as they want to and to reduce certain risks.

Criminals may, however, also use the mobile phone to render their activities more efficient. In local discussions on freedom and control, criminal activity is felt to be greatly facilitated by mobile telephony and poses risks to ordinary citizens on the one hand while also highlighting the weaknesses of the state. As Hans Peter Hahn (2012) points out, these stories hardly subscribe to the optimism surrounding ICT in the development logic and present a far more ambivalent image of networks and communication possibilities.

Such ambivalence is also apparent in the chapters in this book. Like all media, new ICT, such as the mobile phone, can be used for good or evil, to exclude or include, to reinforce social hierarchies, to flout them or create new ones, to connect to long-lost relatives or get to know new people, to exchange personal news, to open up new business opportunities or to relate to the wider world. Or some or all of these things in combination. After all, nothing human is foreign to technology, and nothing technological is beyond human agency.

References

BRINKMAN, I. & S. ALESSI (2009), 'From 'lands at the end of the earth' to 'lands of progress'? Communication and mobility in South-Eastern Angola'. In: M. Fernández-Ardèvol & A. Ros Híjar, eds, *Communication technologies in Latin America and Africa: A multidisciplinary perspective*, Barcelona: IN3, pp. 193-220.

CASTELLS, M. (2009), *Communication power*, Oxford: Oxford University Press.

CHOMSKY, N. (2002), *Media control: The spectacular achievements of propaganda,* New York: Seven Stories Press.

CLIFFORD, J. (1992), 'Travelling cultures'. In: L. Grossberg, C. Nelson & P.A. Treichler, eds, *Cultural Studies*, New York: Routledge, pp. 96-116.

DARNTON, R. (2000), 'An early information society: News and the media in eighteenth-century Paris. Presidential address', *American Historical Review* 105(1). Accessed 25 March 2011, http://www.historycooperative.org/journals/ahr/105.1/ah000001.html.

DE BRUIJN, M, D. FOEKEN & R. VAN DIJK, eds (2001), *Mobile Africa, changing patterns of movement in Africa and beyond*, Leiden: Brill.

DE BRUIJN, M., F.B. NYAMNJOH & I. BRINKMAN, eds (2009), *Mobile phones: The new talking drums of everyday Africa*. Bamenda, Leiden: Langaa RPCIG/African Studies Centre.

EKINE, S., ed. (2010), *SMS uprising: Mobile activism in Africa*, Cape Town: Pambazuka Press.

GITELMAN, LISA & GEOFFREY B. PINGREE (2003), *New Media, 1740-1915*. Cambridge, MA and London: MIT Press.

GLEICK, J. (2011), *The information: A history, a theory, a flood*. London: Fourth Estate (4th edition).

GEWALD, J.-B., S. LUNING & K. VAN WALRAVEN, eds (2009), *The speed of change. Motor vehicles and people in Africa, 1890-2000*. Leiden, Boston: Brill.

GREENBLATT, S. (2010), 'Cultural mobility: An introduction'. In: S. Greenblatt *et al.*, *Cultural mobility: A manifesto*, Cambridge: Cambridge University Press, pp. 1-23.

HAHN, H.P. (2012), 'Mobile phone and the transformation of society: Talking about criminality and the ambivalent perception of new ICT in Burkina Faso', *African Identities* 46: 1-12.

HOFMEYR, I. (2004), *The portable Bunyan. A transnational history of the Pilgrim's progress*, Princeton, Princeton University Press.

LAMOUREAUX. S, (2011), *Message in a mobile. Mixed-messages, tales of missing and mobile communities at the University of Khartoum*. Bamenda: Langaa/ASC.

LING, R. (2004), *The mobile connection. The cell phone's impact on society*. San Francisco: Morgan Kaufmann.

LING, R. & J. DONNER (2009), *Mobile phones and mobile communication*. Cambridge: Polity Press.

MALKKI, L.H. (1995), *Purity and exile. Violence, memory, and national cosmology among Hutu refugees in Tanzania*, Chicago/London: University of Chicago Press.

NKWI, W. (2009), 'From the elitist to the commonality of voice communication: The history of the telephone in Buea, Cameroon'. In: M. de Bruijn, F. Nyamnjoh & I. Brinkman, eds, *Mobile phones: The new talking drums of everyday Africa*. Bamenda/Leiden: Langaa RPCIG/African Studies Centre, pp. 50-69.

PARSONS, N. (2012), 'The "Victorian Internet" reaches halfway to Cairo: Cape Tanganyika telegraphs, 1875-1926'. In: M. de Bruijn & R. van Dijk, eds, *The social life of connectivity in Africa*. New York: Palgrave Macmillan, pp. 95-122.

POWELL, C. (2012), *Me and my cell phone and other essays on technology in everyday life*, Bamenda: Langaa.

RIBOT J.C. & N.L. PELUSO (2003), 'A theory of access', *Rural Sociology* 68(2): 153-181.

SOUTHWOOD, R. (s.d.), 'Assessing consumer activity in the telecoms and Internet sectors in Africa', *ITU Balancing Act Report*, http://www.itu.int/ITU-D/treg/publications/Russell_CconsumerdftV2.pdf Accessed July 2012.

TAZANU, P.M. (2012), *Being available and reachable new media and Cameroonian Transnational Sociality*, Bamenda: Langaa.

URRY, J. (2007), *Mobilities*. Cambridge: Polity Press.

VAN PINXTEREN, M. (2012), 'The silent frontier: Deaf people and their social use of cell phones in Cape Town', Unpublished MA Thesis, University of Cape Town.

WASSERMAN, H., ed. (2010), *Popular media, democracy and development in Africa*. London: Routledge.

1

Mobilité et moyens de communication au Guéra

Djimet Seli

Résumé
La région du Guéra située au Centre du Tchad a été durant les décennies passées un foyer d'insécurité par d'excellence dû aux affrontements entre les différentes rebellions qui s'y prospéraient et le gouvernement. Cette insécurité avait pour conséquence la mobilité des populations et la rupture entre les familles eu égard aux crises de communications dues tantôt à l'absence ou à la mainmise de l'Etat sur ce qui reste des infrastructures et moyens de communications, tantôt aux périlleuses conditions de déplacements créées par la rébellion. Ainsi, l'arrivée des technologies de l'information et de la communication, en particulier la téléphonie mobile a représenté un grand espoir en matière de communication pour les populations de cette région. D'où l'engouement de la population qui s'est manifesté aux premières heures de l'avènement de celle-ci. Cependant, quelques années après l'expérience d'utilisation, beaucoup ont dû déchanter en raison de l'insécurité que celle-ci facilite pour la communication au lieu d'y remédier.

Avec la téléphonie mobile, Le "Hakouma" (l'Etat) est trop proche des citoyens. Tu pètes, l'Etat est au courant, tu éternues, l'Etat est au courant.[1]

Tu tapes ton enfant, avant même que ses larmes sèchent, la brigade débarque et c'est l'amende. Tu coupes une brindille pour cure-dent, avant même de l'élaguer, les agents des eaux et forêt vous surprennent sur le lieu et c'est la prison. Et on ne sait pas qui a tout de suite filé l'information. Personne n'a confiance en personne. En somme, la téléphonie mobile crée une crise de confiance dans la société.[2]

Introduction

Ces propos embarrassés ne sont pas ceux des pourfendeurs de la téléphonie mobile, mais plutôt des apologistes convaincus des premières ères de l'arrivée de la

---

[1] Entretien N° 47, conversation enregistrée, chef de Margay de Bidété, homme. Lieu: Bidété. Date: 13 avril 2009.

[2] Entretien N° 21, prise de notes, Gasserké Maitara, homme, paysan. Lieu: Baya. Date: 23 mars 2009.

téléphonie mobile. Les auteurs de ces propos vivent dans une région enclavée du Tchad, dépourvue d'infrastructures de communication et sujette à l'insécurité politique consécutive à la violence et à la répression comme mode de 'gouvernance' aussi bien de la part de la rébellion que du gouvernement. Ils ont pourtant placé beaucoup d'espoir dans l'arrivée de la téléphonie mobile, dont ils croyaient qu'elle les aiderait à gérer ces violences grâce à davantage d'information. Or, après quelques années d'expérience d'utilisation, il semble se dégager un sentiment de déception chez les usagers à l'égard de la téléphonie mobile. Qu'attendaient en fait les Hadjaraï, populations démunies, du téléphone mobile? Et, une fois ce moyen de communication acquis, que lui reprochent-ils en fin de compte?

La région du Guéra est connue pour être isolée; les manuels scolaires en vigueur au Tchad la définissent en effet comme *une région enclavée*. Cette caractérisation est corroborée par des descriptions telles que celle-ci: 'Les montagnes du pays Hadjeray correspondent en fait à un ensemble de massif montagneux isolé, situé à égale distance de N'djamena et du Soudan (...) il s'agit là d'une région reculée, à l'écart des grands axes dont de surcroît, la majeure partie est coupée du Tchad par des inondations saisonnières.' (Vincent 1994: 161). Les qualificatifs que cet auteur a attribués à la région au terme d'une pure observation relèvent des réalités du visible. Ce trait réel d'isolement fait en vérité partie de l'identité de cette région et des éléments qui constituent la définition de la marginalité du Guéra. L'observation citée, qui date d'il y a une trentaine d'années, est malheureusement restée d'actualité. Elle est corroborée par l'amère expérience de l'isolement des régions de Guéra que j'ai faite en juin de l'année dernière pour me rendre dans mon village natal distant de 50 km de la principale route qui traverse le Guéra. Pour y parvenir, il m'a fallu deux jours, à cause d'une part du manque de moyens de transport et d'autre part de l'absence de pont sur une rivière contenant des eaux des pluies.

La marginalité géographique et infrastructurelle dont souffre cette région va être très vite doublée d'une 'marginalité humaine'. En fait, isolé et manquant des voies de communication, et comme le dit un adage: 'là où finit la route commence l'insécurité', cette région fut très tôt le lit de la rébellion.à cause de son excentricité et de son paysage propice aux actions de la guérilla et de banditisme, d'autant plus que 'Elle est très giboyeuse, marécageuse et montagneuse (...) Le Frolinat[3] se trouvait très éloigné des forces gouvernementales' (Djarma 2003: 93).

La présence de la rébellion dans une région enclavée, difficile d'accès, aura pour a conséquence les exactions des rebelles (Abbo 1997) d'une part et des for-

[3] FROLINAT: Front de Libération Nationale du Tchad, l'un des premiers mouvements de rébellion armée, créé en 1966 et opposé au pouvoir central.

ces gouvernementales (Yorongar 2003) d'autre part, et à propos desquelles les témoignages recueillis lors de notre enquête de terrain les confirment en ces termes:

> En moins d'une semaine, on a perdu 14 hommes dans ce village. Les rebelles sont venus incendier le village et tuer 7 hommes. Quelques jours après, les forces gouvernementales sont venues à leur tour pour accuser certains villageois de collaboration avec les rebelles et d'autres personnes furent arrêtées et tuées sur les champs devant tout le monde.[4]
>
> Des exactions de ces genres qui font fuir les gens, même récemment à l'accession du MPS (Mouvement Patriotique du Salut, parti de l'actuel président Deby en 1991) on en a connu. Les forces gouvernementales sont venues regrouper tous les hommes qu'ils ont accusé de cacher des rebelles venus de Melfi. Ils ont choisi 7 hommes y compris moi. Heureusement j'ai été sauvé par l'instituteur qu'on a obligé de lister les gens. Il m'a défendu en soutenant devant les militaires qu'il me connaît. Durant toute la saison sèche, les hommes passaient les journées en brousse pour ne rentrer que le soir et repartir en brousse le lendemain à l'aube.[5]

Cette situation de multiples marginalités dans laquelle vivent les populations de la région du Guéra va faire naître en eux le besoin de communiquer pour se prévenir et va leur fournir des idées pour développer une panoplie de moyen et mode de communication traditionnelle dont certains sont encore d'actualité et dont les messages souvent codés, ne sont compris et traduits que par des initiés de la culture hadjeray. Ce code de communication, essentiellement préventif, se décline en 'révélation de la Margay'[6] et en oracle. Face aux tactiques et stratégies de surprise des rebelles et forces loyalistes, les systèmes de communication traditionnelle développés par les populations hadjeray pour se prévenir des attaques, se révèlent inefficaces. Alors, beaucoup ont dû leur salut par les départs pour d'autres régions plus pacifiques: (Djarma 2003: 93). Le départ des jeunes, des adolescents et autres adultes depuis 1965, donna naissance à d'une série d'émigration qui s'est étalée sur des décennies et qui classa les populations de la région du Guéra parmi les populations les plus 'mobiles' du Tchad.[7] Ainsi, des

---

[4] Entretien N° 8, conversation enregistrée, Detoyal Goto, homme, paysan. Lieu: Baya. Date: 25 mars 2009, témoin oculaire des exactions des forces gouvernementales sur la population du village Somo.

[5] Entretien N° 5, prise de notes, Kodary Gaboutoug, homme, paysan. Lieu: Baya. Date: 23 mars 2009, témoin oculaire des exactions des forces gouvernementales sur la population du village Baya.

[6.] La Margay est une religion ancestrale Hadjeray.qui détermine les actes de la population. Elle est maintenant en voie de disparition, menacée par l'islam.

[7] D'après le recensement de la population et de l'habitat de 1993, ayant abouti à la confection de la 'Monographie du Guéra en 1998', sur les 694 340 migrants inter-préfectoraux, 68 085 personnes sont nées au Guéra et sont sorties pour aller s'installer dans d'autres préfectures. Ainsi, le Guéra se trouve parmi les régions où la mobilité inter-préfectorale de la population est relativem.ent élevée. Ses émigrants représentent 9,8% de l'ensemble des migrants inters préfectoraux. Dans ses échanges de population avec les autres préfectures, le Guéra est globalement déficitaire. C'est le deuxième déficit en volume (56 002) après le Batha (95 674). L'indice d'efficacité de la région du Guéra est de – 0,61. Cet indice s'obtient en rapportant le solde migratoire. C'est-à-dire soustraire le nombre d'immigrants (entrants) du nombre d'émigrants (sortants). Cet indice consiste à mesurer l'attractivité d'une circonscription administrative donnée. Il varie entre 0 et 1. Lorsqu'il est positif, l'unité administrative considérée est une zone d'immigration. Lorsqu'il est négatif, comme c'est le cas du Guéra (-0,61), l'unité administrative considérée est une zone d'émigration.

familles se trouvent séparés et disséminés dans les quatre coins du pays et aussi dans les pays voisins du Tchad. En outre, la mobilité de cette population qui au départ, était 'unidirectionnelle', va devenir elle-même 'mobile' en ce qu'elle va évoluer dans le temps et dans l'espace et selon les préférences des différents groupes ethniques qui composent la région du Guéra.

En fait, les premières migrations qui datent de l'ère coloniale (Buijtenhuijs 1997) et qui va se poursuivre jusqu'à la fin des années 1970 vont se diriger essentiellement vers le Soudan et le Nigeria. Mais lorsque les conditions de voyage à l'étranger vont être durcies (Kinder 1980: 219), les différents groupes ethniques vont chacun avoir une direction de préférence pour les régions voisines du Guéra qui sont soit le Salamat, soit le Chari Baguirmi et plus particulièrement N'Djamena la capitale. Puis à la première moitié des années 1980, avec l'aide des ONG, cette mobilité qui jusque là se faisait dans plusieurs directions, va être orientée vers des endroits précis: La région du Lac-Tchad et les abords du fleuve Logone dans la région du Baguirmi à cause des potentialités agricoles qu'ils offrent.

Cependant, la séparation des parents durant des longs mois et années a fait naître la nostalgie qui, à son tour a fait naître le besoins de communication entre les communautés hadjeray du Tchad et de l'étranger et leurs parents vivants dans la région d'origine: 'J'aurai aimé que c'est nous ici qui puissions connaître une telle situation, plutôt que les parents du village. Ils sont notre nombril. La moindre souffrance les frappant nous touchent plus que nos propres souffrances'[8] déclare Abdramane, le chef de quartier hadjeray d'un village de la région du Lac-Tchad, pour montrer son attachement aux parents vivants dans la région d'origine. Ce besoin de communiquer entre les parents séparés et distants des centaines ou des milliers de kilomètres va contraindre les populations à recourir aux moyens de communications d'emprunt: Les lettres, les télégrammes, les messages sur bandes, les communiqués radiodiffusés, les moyens de transport terrestre etc. qui sont susceptibles de leur servir d'instrument de communication pouvant les aider à réduire leur déficit de communication. Malheureusement ces nouveaux moyens de communication sont aussi loin de les sortir de la marginalité, sinon, que ceux-ci créent davantage à leur tour un troisième niveau de marginalité. Car, analphabètes dans leur plus grande majorité, ces populations ne peuvent suffisamment communiquer ni par les lettres, ni par les télégrammes, et aussi très pauvres pour s'équiper en radios et en moyens roulant pour leur déplacement physique. Ainsi, accablés par les multiples niveaux de marginalité, les populations du Guéra ont accueilli avec soulagement l'arrivée de la téléphonie mobile, susceptible de leur faire enfin justice. Mais comble de déception, celle-ci est en train à son tour de

---

[8] Entretien N° 72, conversation enregistrée, Abdramane Bilama, homme, chef de quartier Hadjeray de Baltram (Région du lac-Tchad). Lieu: Baltram. Date: 27 novembre 2009.

ressembler à ses prédécesseurs. En effet, un tour d'horizon de différents moyens de communication (traditionnels et d'emprunt) utilisés dans le milieu hadjeray permettrait de comprendre les raisons pour lesquelles la téléphonie est attendue avec beaucoup d'espoir et accueillie avec un fort engouement.

Carte 1.1   Directions de mobilités

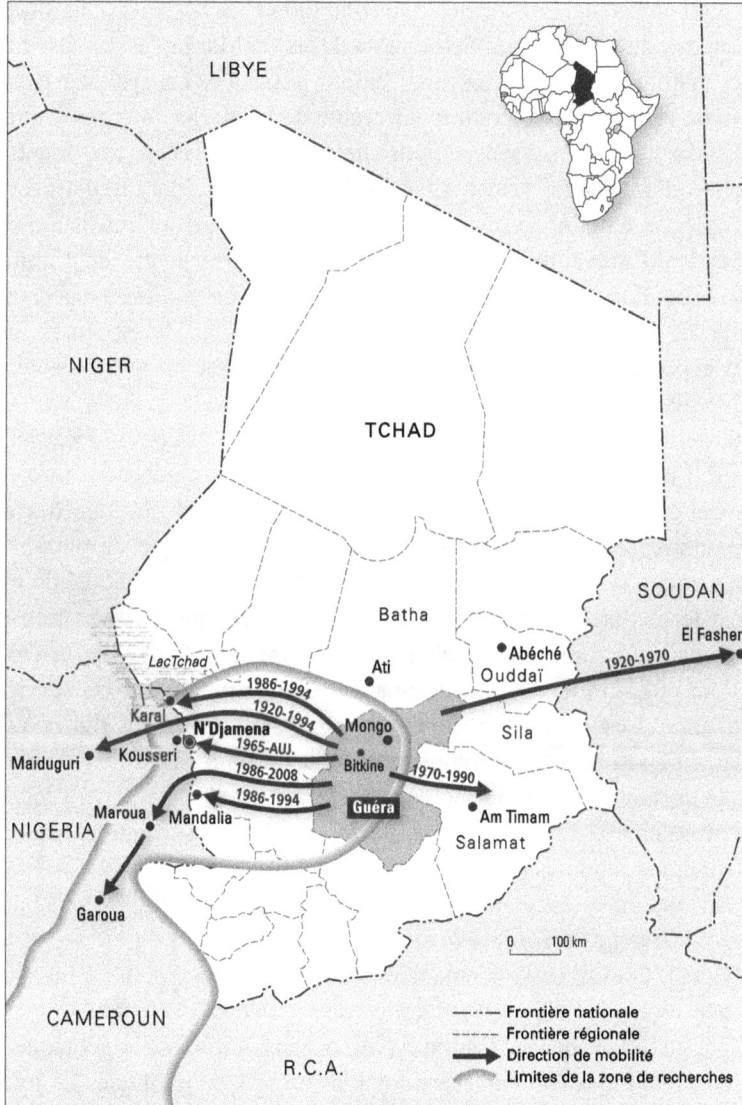

Les moyens traditionnels de communication

Les crises complexes qui avaient cours dans la région du Guéra ont rendu l'homme hadjeray extrêmement communicant pour se prévenir. Deux axes se dégagent dans sa communication: La 'communication verticale' avec le monde invisible que représente les dieux, les ancêtres (Fuchs 1997) et la 'communication horizontale' entre les semblables pour transmettre les messages des dieux, des ancêtres. La communication verticale avec le monde invisible se fait à travers la religion ancestrale: La Margay. Selon ses adeptes, la Margay est un être invisible qui ne se manifeste qu'à travers une femme possédée. La crise de possession d'une femme est interprétée comme une visite de la Margay aux populations par l'intermédiaire de la possédée pour prévenir et avertir les hommes de l'imminence d'un danger (Nder 1998: 36). En fait, la Margay à travers cette femme possédée fonctionne comme une espèce de radar qui consiste à délivrer les messages de prévention aux membres de la communauté de l'imminence d'une menace, d'un danger qui plane sur le village. Lorsqu'un danger, une menace plane sur le villageois, il se révèle à la 'femme de la Margay' sous forme de songe. Et celle entre dans son état second pour délivrer la quintessence de son songe aux villageois.

A coté de la communication par la Margay, il y a la communication par la géomancie. En fait, dans la société Hadjeray de manière générale, rare sont les hommes qui peuvent entreprendre des actes sans avoir consulté un devin. Pour pouvoir conjurer les maladies et les mauvais sorts, provoquer la pluie, s'attirer les bonnes grâces des ancêtres et avoir toutes les chances de son coté, le meilleur moyen est le recours à l'art divinatoire: 'On constate que la divination occupe chez eux une place importante, car mêlée aux moindres actes de la vie quotidienne. Pour eux, tout événement rompant le cours attendu des choses nécessite une explication. Les maladies en particuliers (...) sont autant des signes qu'il faut interpréter. Et aussi avant d'accomplir un acte important l'Hadjéray désire savoir si l'époque choisie est propice et si son entreprise risque d'avoir un succès espéré. Dans tous ces cas il a recours à un devin maitre d'une technique particulière, qui lui donnera la réponse' (Vincent 1966: 45).

L'art divinatoire le plus utilisé est la géomancie. En effet, la géomancie est d'abord utilisée pour déterminer le sort collectif à l'échelle du village et aussi le sort individuel. On utilise la géomancie pour chercher la réponse à une situation difficile que vivent les villageois: Caprice pluviométrique, épidémie, imminence d'un danger etc. Dans ce cas, l'initiative de la consultation de la géomancie vient du chef de village qui convoque les notables à la place publique. Le jour de la consultation de cette géomancie prend un aspect du jour de sacrifice. Toute activité est interdite aux villageois, même le voyage. Les notables, les personnes âgées se retrouvent autours des spécialistes de cet art pour déterminer la conduite à tenir, le sacrifice à offrir pour faire tomber les pluies, pour faire disparaitre l'épidémie, pour conjurer une attaque. Il s'agit de déterminer la cause d'un malheur qui frappe tout le village. Le résultat de cet art divinatoire est exécutoire pour tous les villageois. Il s'agit généralement de faire un sacrifice.

L'autre des moyens de communication le plus important dans la société hadjeray est le tam-tam. Qu'il s'agisse de réunir la population pour écouter les messages de la Margay ou pour décréter un jour férié pour consulter l'oracle, on se sert toujours d'un moyen de communication qu'est le tam-tam. L'importance de tam-tam explique sa présence permanente et sa détention exclusive par le chef de village. Toujours accroché soit à une branche d'arbre, soit à une fourche de hangar sous lequel se rassemblent habituellement dans la journée les notables, il est à la fois un objet de légitimité et 'l'instrument de communication le plus précieux' (Ahadé 1981). Le tam-tam est un excellent instrument de l'information sur lequel le chef de village exerce un droit de monopole absolu. Dès que le tam-tam résonne, chacun sait qu'un événement exceptionnel se produit dans le village. Au delà de la diversité de ces moyens traditionnels de communication, force est de constater que ces moyens traditionnels de communication s'adressent à un public vivant dans un espace limité à un village. Le caractère limitant de ces moyens de communication va expliquer les insuffisances de ces derniers lorsque les populations hadjeray sous la pression des multiples crises vont se dispersées dans des endroits distants des milliers des kilomètres.

L'arrivée de la colonisation et ses abus va provoquer les premiers mouvements migratoires de populations. Les corvées, les impôts, créèrent des frustrations. Pour ce faire, beaucoup ont dû quitter le Guéra pour d'autres horizons principalement le soudan et le Nigeria, comme le relève un passage des rapports de l'administration coloniale: 'L'attention du chef de subdivision est de nouveau attirée par des nombreux départs vers le Darfour. Par centaines des jeunes Kirdis. Quelles en sont les raisons? D'abord.l'attrait de ce pays où les salaires payés sont relativement très élevés (pour mieux montrer la différence, les Anglais paient en billet de cinq francs (…), ensuite le gros effort fiscal demandé à Mongo cette année là et aussi le bruit d'un recrutement prochain des travailleurs pour le C.F.C.O.'[9]

Par le fait de l'émigration, les populations de la région du Guéra voient leur espace de communication s'étendre allant du Centre du Tchad au Nigeria et au Soudan. Pour y parer, elles furent obligés de faire recours aux nouveaux moyens de communication qu'offre la colonisation, mais qui sont inadaptés aux réalités

---

[9.] CFCO: Chemin de Fer Congo Océan. Par ce terme, on désigne les travaux forcés imposés par la colonisation française pour la construction du chemin de fer au Congo Brazzaville et dont la main d'œuvre est réquisitionnée dans presque toute l'Afrique Equatoriale Française. Archive de l'Administration Coloniale, 'Rapport sur la Situation Politique et Economique de la Circonscription du Batha 1919-1944'.

de confidentialité qui a toujours entouré la communication de ces populations. Il s'agit de communication par les lettres, les télégrammes, les messages sur cassette, les messages radiodiffusés. Le télégramme était l'un des tous premiers moyens de communication que la colonisation à amener dans cette région. Ce moyen de communication était resté élitiste jusqu'à sa disparition. Il ne concernait que les familles dont les fils servaient dans l'armée coloniale et plus tard les familles dont les fils sont sur le front des batailles au nord du Tchad. Par son caractère de message rédigé dans un style télégraphique, les télégrammes ne prennent pas en compte les critères de confidentialité. Car pour accéder au contenu, il fallait recourir à un intellectuel qui était à l'époque un agent de l'administration, donc un étranger susceptible d'être au fait des secrets.

Assez répandues, les lettres étaient restées les moyens de communication les plus utilisés par les populations pour se communiquer avec les parents émigrés dans d'autres contrées éloignées. Malgré le fort taux d'analphabétisme, les Hadjeray désirés de communiquer avec les parents vivants dans d'autres villes ou pays, allaient chez qui pourraient leur écrire les lettres. En témoigne la déclaration de cet enseignant régulièrement approché pour écrire des lettres:

> Avant l'arrivée de la téléphonie mobile, les gens n'avaient que les lettres pour communiquer avec les parents d'autres villes et principalement de N'Djamena. Le jeudi, c'est le jour de départ des gens du village pour Bitkine où les gens doivent prendre les véhicules pour N'Djamena. De ce fait, les jeudis ont toujours été des journées noires pour moi à cause de dérangement des parents qui viennent pour se faire écrire des lettres. Le matin lorsque je me réveille, je trouve déjà quelquefois 4 ou 5 personnes en train de m'attendre pour se faire écrire des lettres. Le matin, ce sont généralement des gens qui viennent des villages voisins de 7, 8 ou 10 km. Lorsque le jour se lève, c'est une marée humaine qui envahit ma cour. Je leur écris de lettre jusqu'à mon départ pour l'école. D'autres personnes me rejoignent encore à l'école pour leur écrire des lettres.[10]

Les dictatures, les régimes policiers et répressifs que le Tchad avait connus et qui ont sévi contre les Hadjeray (1965, 1987, 1991) n'étaient pas de nature à encourager des communications portant sur des sujets confidentiels par les lettres. Les seules communications par les lettres qui s'établissaient, portaient sur des messages superficiels de peur que les lettres ne tombent dans les mains des autorités policières, comme le confirme la déclaration d'un ex-écrivain public des lettres: '(…) les sujets des lettres sont vraiment divers. Il y a des gens qui écrivent des lettres à leur parents pour demander des habits, du sel, des couvertures, leur annoncer la bonne ou la mauvaise récolte et profiter de l'occasion pour lancer un SOS'.[11]

A l'instar de la lettre et du télégramme, les autres moyens de communication.que sont les messages sur cassette, les messages radios diffusées, s'avèrent

---

[10] Entretien No3, conversation enregistrée, Modi Soumaine, homme, enseignant, détenteur d'une cabine téléphonique ambulante. Lieu: Boubou. Date: 24 mars 2009.
[11] Entretien No2, prise de note, Djimet Allamine, homme, enseignant. Lieu: Baya. Date: 22 mars 2009.

manquer de confidentialité. Cependant, le désir de communiquer de sujets sérieux, va obliger les personnes désireuses de communiquer à recourir aux visites pour des rencontres en tête à tête. Ces rencontres passent par les voies et les moyens de communication que sont les routes et les véhicules dont la situation n'est guère des plus meilleures.

Le réseau routier:
Un moyen de communication tout aussi incertaine

Avant l'avènement de la route en 1990, 'l'état des routes laisse également à désirer'[12]. Comme le relève cet auteur, le réseau routier de la région du Guéra très peu fourni, ne facilite pas la connexion entre différentes localités d'une part et entre le Guéra et les autres villes du Tchad où se trouvent les communautés hadjeray d'autre part. A ce sujet, le récit des conditions de voyage d'un de nos enquêtés d'il y a une dizaine d'années l'illustre si bien:

> (…) nous quittons le village et prenons la direction d'Ati à une époque où la route Mongo-Fort-Lamy (aujourd'hui N'Djamena) n'existait pas encore. Pour se rendre à Fort-Lamy, il fallait transiter par Ati. Et encore que pour aller de Mongo à Ati, il faut attendre plus d'une semaine à Mongo dans l'espoir de trouver un hypothétique vieux et poussif camion Citroën à la carrosserie faite de bois. Manquant des moyens pour rester une semaine à Mongo attendre le camion, on décide d'aller à Ati à pied. Les deux jours de marches furent les premières épreuves d'homme de ma vie. Non seulement je dois faire face à la fatigue et faim, mais je dois affronter les fauves de toute nature dont certains, je n'en ai entendu que raconter dans les récits. Je me sentais perdu. Pris de peur, nous ne marchons que le jour. À la nuit tombée Nous montons sur les arbres pour passer nos nuits blanches de peur d'être dévorés. Deux jours après notre arrivée à Ati, on trouve le camion en partance pour Fort-Lamy.[13]

En plus de sa mauvaise qualité, le réseau routier souffre des plusieurs autres maux au nombre desquels on peut citer les moyens et les conditions de transports. En voici une des images de condition de voyage sur les routes du Guéra en 2009.

Sur ces routes, à tout moment le danger guette les voyageurs. Ce danger ne provient pas de l'accident de la route, mais de bandits de grands chemins dits 'coupeurs des routes' qui écument les routes et pistes. A ce sujet, les témoignages foisonnent à l'exemple du suivant communiqué de l'ambassade de France à l'égard de ses ressortissants:

> (…) De manière générale, la prudence s'impose lors de tout déplacement, même de jour, dans la capitale et sur l'ensemble du territoire tchadien (…) tout déplacement hors agglomération est à proscrire entre la tombée de la nuit et la levée du jour, en raison de

---

[12] Ramadan Sidjim, "Guéra, une concertation pour la sécurité et le développement" in Le Progrès No 1145 du lundi 30 décembre 2002.

[13] Entretien N° 72, conversation enregistrée, Abdramane Bilama, homme, chef de quartier Hadjeray de Baltram. (Région du Lac-Tchad).Lieu: Baltram. Date: 27 novembre 2009.

Photo 1.1   Un véhicule se rendant sur un marché hebdomadaire
d'un village de Mongo

l'activité des 'coupeurs de routes', bandes armées au comportement souvent violent en raison notamment d'un fréquent usage de stupéfiants.[14]

Les moyens technologiques: Un succès nuancé

Au nombre des moyen de communications relevant des technologies de l'information et de la communication, il y a lieu de citer les communications par les
cassettes qui avaient longtemps cours au Guéra. C'est un moyen de communication qui a totalement disparus. Il était utilisé pour envoyer les messages sonores à
des parents se trouvant dans les pays étrangers. La procédure consiste à ce chaque membre de la famille se présente, et délivre son message et conclut ses propos par des salutations. Une fois l'enregistrement de la communication terminée,
la cassette est envoyée par l'intermédiaire de quelqu'un qui se rend dans le pays
où se trouvent les destinataires de la cassette. La difficulté pour ce mode de
communication c'est que le message est susceptible d'être écouté par une tierce
personne. A cet effet, monsieur Goudja[15] soutient sa méfiance envers ce mode de
communication en référence à la période de dictature d'Hissein Habré où certaines lettres et messages sur cassettes suspects sont lus et écoutés par les agents de

---

[14.] www.diplomatie.gouv.fr - Communiqué de l'ambassade de France mettant en garde ses ressortissants
sur le danger de la circulation au Tchad.
[15] Entretien N° 83, prise de note, Goudja, homme, paysan. Lieu: Gourbiti. Date: 29 mai 2009.

la DDS[16], avant d'être remis aux intéressés, histoire de voir si les messages qui circulent ne véhiculent pas le complot contre le régime.

Aussi, En raison de l'analphabétisme dont souffrent les populations du Guéra, le moyen médiatique de communication le plus accessible demeure sans nul doute la radio. Créée en 1955, la RNT (Radio Diffusion Nationale Tchadienne) exerçait dans ce secteur un monopole absolu. L'utilisation de onze (11) langues nationales, en plus du français et de l'arabe, lui permet d'atteindre une couche considérable de la population. La difficulté de ce moyen c'est qu'aucune langue de la région du Guéra n'est parlée et l'arabe utilisé dans cette radio n'est pas accessible à tous. En dépit de ces contraintes, beaucoup des personnes suivent tout de même les tranches 'd'avis de communiqués' pour avoir les nouvelles de naissance, des décès.de leurs parents éloignés qui quelquefois passent sur les antennes etc. Tout compte fait, le message de la radiodiffusion nationale est un massage public et ne prend pas aussi en compte les réalités de communication des populations hadjeray. C'est ce qui à fait dire au Secrétaire de la région du Guéra lors d'un séminaire sur la création des radios communautaire au Guéra que

> Les programmes de la radio nationale conçus à partir de N'Djamena restent assez généraux et ne prennent pas en compte les réalités régionales. Les radios de proximité dont a besoin la région doivent servir exclusivement la communauté, la localité, la région, se préoccupent de la spécificité locale et fonctionnent aussi à partir des contributions locales.[17]

Comme les moyens de communications décrits précédemment ne résolvent pas le problème de communication, les Hadjeray avaient placé leur espoir dans les nouveaux moyens de communications qu'est la téléphonie mobile dont les premiers utilisateurs ont tant vanté le mérite comme moyens de communication prenant en compte les préoccupations de l'oralité, de l'instantanéité et de la confidentialité du message.

La téléphonie mobile

Dans une région où les moyens traditionnels de communication avaient montré leurs limites, et en l'absence des routes, pendant longtemps, les urgences n'avaient pas de solution miracle à cause en partie à l'accès limité à la téléphonie fixe qui ne date que de 1997 et dont le parc n'était que d'une seule ligne et constamment occupée.[18] La chaotique situation de communication du Guéra, amène les populations à reporter leur espoir de communication en l'avènement de la téléphonie mobile; parce que d'une part la téléphonie mobile en tant que support de communication est celui qui est à même de prendre en compte deux des pré-

---

[16] DDS: Direction de la Documentation et de la Sécurité, c'est la police secrète et politique du régime d'Hissein Habré (1982-1990), chargée de rapporter des informations subversives et d'arrestation et responsable des disparitions physiques des personnes supposés peu favorables au régime.

[17] "Le Guéra prépare la naissance des trois radios" in Le Progrès N° 2536 du vendredi 24 octobre 2008.

[18] Publi-reportage in *Le Progrès* N° 1865 du jeudi 8 décembre 2005.

occupations et caractéristiques principales de leur communication: L'oralité et la confidentialité du message, concepts chers dans la communication de ces populations, et qui pendant des siècles ont sous-tendu à travers le culte de la Margaï, la communication avec les ancêtres et les divinités. A ces sujets, les déclarations qui ont précédé et présidé aux sollicitations de l'installation de la téléphonie mobile au Guéra sont expressives. Elles témoignent du désir de disposer d'un support de communication qui prend en compte les réalités de confidentialité et surtout de l'oralité:

> Avec le téléphone mobile, il semble qu'on peut être seul au champ, dans sa case et appeler et partager le secret en Kenga avec les parents de n'importe où sans être entendu par quelqu'un d'autre, comme si on s'adresse aux ancêtres lors de séance des prières à la Margay.[19]

Lorsqu'elle fut introduite en 2000 au Tchad, la téléphonie mobile a piétiné pendant longtemps à N'djamena la capitale, avant de s'étendre dans les autres villes du Tchad. L'une des principales raisons qui nécessitent d'être retenue est le coût élevé d'accès à cette époque, en témoignent les multiples bras de fer engagés entre l'Association des Consommateurs et les compagnies de téléphonie mobile, ayant entrainé les maints appels au boycott de la téléphonie mobile eu égard à la cherté de coût de communication.[20] Le coût d'accès onéreux au début, avait fait de la téléphonie mobile un luxe comme l'a relevé un reporteur du journal Le Progrès en ces termes:

> Constatons tout simplement que le mobile qui était prévu pour faciliter la communication est devenu un luxe, un rêve pour certains citoyens. Alors que la Sotel-Tchad l'opérateur de base ne prélève que 25 FCFA par minute sur les appels à partir du mobile, pour leur acheminement, les opérateurs du mobile (Celtel et Libertis), taxent à plus de 90 FCFA cette même communication. [21]

Eu égard à un tel coût de communication, les premières personnes qui se sont donnés les moyens de se procurer les téléphones mobiles à cette époque, le faisaient pour se faire voir, se distinguer des autres. Ce coût élevé d'accès au téléphone mobile au début, a fait que jusqu'en 2004, le taux de pénétration de la téléphonie mobile était de moins de 20 téléphones pour 1 000 habitants.[22]

Au fil des années, par imitation et profitant des baisses progressives des coûts,[23] un grand nombre des personnes vont se procurer les téléphones mobiles,

---

[19] Entretien N° 61, conversation enregistrée, Gabi, homme, paysan. Lieu: Mataya. Date: Avril 2009.

[20] Le Progrès Nos: 1068, 1075, 1081, 1086.

[21] "Télécommunications et Postes, un secteur en plein nettoyage" in Le Progrès N° 1132 du mardi 10 décembre 2002.

[22] Journal *Le Progrès* N° 1075.

[23] Lorsque la téléphonie mobile apparait pour la première fois à N'Djamena, en 2000, rien la carte Sim s'achetait à 25 000 F. Au fil des années, le prix a continué à baissé progressivement au point d'arriver aujourd'hui 0 F. Quant aux premiers appareils téléphoniques, malgré qu'ils étaient rudimentaire, c'était l'époque de téléphone de marque Bosch, Ericsson etc., ils se vendaient autour de 75 000 F. Alors qu'aujourd'hui, avec une modique somme de 15 000 f On peut avoir un téléphone, même s'il y a à coté des téléphones de 200 000 F et plus pour ceux qui veulent dépenser plus.

faisant passer les statistiques à 47 téléphones pour 1 000 habitants en 2006. Alors, en ce moment, la téléphonie mobile change de fonction. D'objet de luxe qu'il était au début, il devient un moyen de communication de masse, donc une nécessité au point où des villes, des régions (y compris le Guéra) non desservies encore en font des doléances auprès des hautes autorités de l'Etat et ou des compagnies de téléphonie mobile pour son installation dans leurs localités, à l'instar de la lettre du sous préfet de la localité de Baro dans laquelle on trouve des termes assez expressifs du besoin de la téléphonie mobile:

> J'ai le plaisir de vous demander d'accorder une attention particulière à ce vœu. Peuplée de 5 733 habitants, la ville de Baro a besoin d'une antenne Tigo pour le bien-être de sa population. Effectivement, nous pouvons confirmer cette expression par la motivation et la soif des jeunes des deux sexes et des hommes d'affaires de cette ville de vouloir contacter par téléphone ,les parents, familles, frères et sœurs de mongo et d'ailleurs C'est vous dire que cette population se plaint d'être oubliée par des sociétés téléphoniques en l'occurrence Tigo. Impatient de voir la société Millicom-Tchad implanter une antenne pour la couverture non seulement de la ville, mais de la sous-préfecture entière (…).[24]

La téléphonie mobile au Guéra, les engouements de premières heures

L'arrivée de la téléphonie mobile au Guéra a été attendue pendant des longues années: 'Le 30 novembre 2005, à 15 h un groupe des jeunes assis sous un arbre avec des téléphones achetés de N'Djamena attendent impatiemment l'ouverture technique du réseau'.[25] A cet effet, elle a donné naissance à des déclarations euphoriques, à l'exemple de cette vieille dame du village Somo qui s'extasie en louant la vertu de la téléphonie mobile en ces termes:

> Le téléphone portable c'est le monde! Ma sœur qui est allée au Soudan depuis plus de 50 ans et que qu'on croyait morte est parvenue à avoir le numéro de quelqu'un d'ici. Elle a appelé pour se révéler et établir le contact avec nous. Elle a envoyé même deux voiles que je conserve précieusement dans le grenier pour être enterré avec quand je vais mourir.[26]

Ou comme ce 'prêtre' de la religion ancestrale la Margay, d'habitude réticent à l'égard de nouveauté, mais qui succombe sous le charme de la téléphonie mobile en déclarant: 'Si la Margay devait refuser le téléphone mobile, je préfère téléphoner et mourir que de m'abstenir'.[27]

Le désir que les populations ont pour la téléphonie mobile peut aussi se mesurer par les efforts et l'imagination qu'elles déploient pour se faire connecter en

---

[24] Une correspondance du Sous préfet de Baro du 08 septembre 2008, adressée au Directeur de la société de téléphonie mobile Milicom-Tchad qui exploite la compagnie Tigo.
[25] Publi-reportage in *Le Progrès* N° 1865 du jeudi 8 décembre 2005.
[26] Entretien N° 19, prise de note, Mankadi Tari, femme, paysanne. Lieu: Somo, date: 22 mars 2009.
[27] Entretien N° 35, conversation enregistrée, chef de Margay d'Abtouyour, homme. Lieu: Abtouyour. Date: 11 avril 2009.

Photo 1.2 Une batterie de téléphone en charge avec des piles

dépit de réseau limité et capricieux: Téléphones accrochés aux branches d'arbres ou aux toits des cases pour capter le réseau, charges des batteries avec des piles à défaut d'électricité et de générateurs.

La téléphonie mobile ayant fait son entrée au Guéra en 2005 par la ville de Mongo, chef-lieu de la région dans laquelle, elle a piétiné pendant longtemps dans un rayon de moins de 25 km, avant de s'étendre à d'autres localités. Par nécessité ou par plaisir de communiquer par le téléphone mobile, les populations d'autres localités de la région non encore couvertes par les réseaux telle que Bitkine effectuaient souvent des déplacements sur des dizaines de kilomètres pour se rendre à Mongo afin de se connecter sur le réseau de téléphonie mobile et appeler les parents et amis de N'djamena et d'autres localités du Tchad pourvus de réseau. Ali K. enseignant, possédant quelques adresses téléphoniques des parents et amis de N'Djamena, fut l'un de ceux qui ont préféré parcourir 60 kilomètres de Bitkine à Mongo pour aller téléphoner. Il témoigne en ces termes:

> Comme j'avais une moto, je partais souvent à Mongo passer des heures ou jours pour tenter de joindre les parents et amis de N'djamena à partir de mon téléphone portable que j'ai ramené de N'Djamena et que j'ai conservé en attendant l'installation du réseau à Bitkine.[28]

La téléphonie mobile n'a pas émerveillé que les populations du Guéra. Le même engouement affiché pour la téléphonie mobile au Guéra se retrouve aussi dans le milieu de la communauté hadjeray vivant dans d'autres localités hors de la région. Dans ces communautés, l'intention ou l'espoir de recevoir les nouvelles des parents vivant au village par un coup de téléphone donne l'impression que

---

[28] Entretien Nº 42, conversation enregistrée, Ali Khamis, homme, enseignant. Lieu: Bikine. Date: 9 avril 2009.

Photo 1.3   Une assemblée d'hommes attendant un appel téléphonique

toute la journée, les gens sont en état d'alerte: Les téléphones sont suspendus soit à un arbre, soit accrochés à une botte de paille. Durant toute la séance de causerie sous l'arbre à palabre, l'attention semble être plus portée à cet objet, comme c'est le cas de l'image ci-dessus.

Du coté de la communauté hadjeray implantée hors de la région du Guéra, les impressions sur la téléphonie mobile sont tout aussi élogieuses à l'exemple de la suivante déclaration:

> Mais aujourd'hui, que Dieu bénisse les Blancs pour avoir fabriqué les téléphones. C'est un outil merveilleux. Le téléphone est venu tout simplifier. Maintenant, c'est presque chaque matin que j'ai les nouvelles des parents du village, d'Abéché de N'Djamena, de Sarh, de partout. Lorsqu'il survient un cas de décès d'un parent, on est informé avant même que le cadavre soit lavé. Le téléphone nous a épargné des certaines courses et voyages inutiles. Les condoléances, on les rend au téléphone. Les nouvelles on se les donne au téléphone. Mais pas seulement, avec la téléphonie, mobile on se sent très proche de nos parents du village. On les aide beaucoup. Dès que les gens ont besoin de quelque chose, on leur fait des transferts d'argent au niveau des cabines téléphoniques. A la minute où l'argent est envoyé, il est aussitôt reçu.[29]

La téléphonie mobile au Tchad: Un couteau à double tranchants

Marginalisées pendant longtemps dans la communication faute des infrastructures de communications et surtout à cause du manque de la sécurité, les populations.hadjeray croyaient avoir trouvé en la téléphonie mobile un moyen de communication libre de tout contrôle. Mais les événements et les pratiques quotidiennes au Tchad sont en train de leur enseigner que cet outil ne garantit pas la confidentialité de message. Pays de rebellions, la téléphonie mobile, bien qu'in-

---

[29] Entretien N° 63, conversation enregistrée, Seid Abdelmollah, homme. Lieu: Sidjé (Région du Lac-Tchad). Date: 23 novembre 2009.

dispensable semble par moment poser problème au gouvernement. Elle est un moyen de communication qui permet aux rebelles de disposer des informations importantes sur les tares du régime et sur les positions des forces gouvernementales. C'est ainsi que selon l'évolution de la situation militaire, sur ordre du gouvernement, la communication mobile est de temps à autre coupée pendant un certain temps sur une zone jugée suspecte, si ce ne sont pas les téléphones mobiles qui sont raflés. Beaucoup des conversations téléphoniques jugées subversives et compromettant pour le gouvernement ont été portées à la connaissance du public comme pour prendre l'opinion publique tchadienne à témoin. Ainsi, le jeudi le 03 mars 2008, il fut diffusé à la radio et télévision nationale tchadienne deux conversations téléphoniques (du 19 et 20 mars 2008) entre Mahamat Nouri, chef d'une rébellion tchadienne de UFDD (Union des Forces pour La démocratie et le Développement) et Salah Bauch, directeur de renseignements soudanais.[30] A la Justice, les accusations découlant d'écoute des conversations téléphoniques foisonnent: On peut lire dans les journaux:

> Le premier substitut du procureur de la république (...) requiert 5 ans de prison ferme contre l'ancien ministre et ex-conseiller chargé des missions à la Médiation nationale M. Abdoulaye.[31]
> Il serait reproché à l'ancien ministre, ex-conseiller chargé des missions à la Médiation nationale, d'avoir eu des contacts téléphonique au sein des groupes armés basés au Soudan.[32]
> (...) et des nombreux appels téléphoniques entre lui (L. Mahamat, Ministre Secrétaire Général du Gouvernement ndlr) et l'attributaire du marché N°. 205 l'accableraient aussi.[33]
> S'agissant du Secrétaire d'Etat aux finances chargé du budget, B. Gana, outre les déclarations du commerçant de lui avoir remis de l'argent à plusieurs reprises, il aurait été constaté plusieurs appels téléphoniques nocturnes entre eux.[34]

Ces agissements de l'Etat finissent par faire comprendre aux populations qu'en vérité, la téléphonie mobile n'est pas libre comme on le croyait. Cette nouvelle donne est en train de changer les attitudes vis-à-vis de cet outil. Cette confiance naïve accordée en la téléphonie mobile à son arrivée, est en train aujourd'hui de prendre du plomb dans l'aile; à cause d'une part de la fausse idée de liberté et de confidentialité absolue dans la communication téléphonique que les gens s'étaient faits et d'autre part à cause de la délation et de l'espionnage dont le téléphone sert de medium. Au vue de ces multiples scandales, l'image positive que certaines populations hadjeray s'étaient faites de la téléphonie mobile finit par prendre un coup. D'objet angélique de communication qu'il était considéré,

---

[30] Pour la transcription, voir site Web de la présidence de la république du Tchad: www presidencetchad.org ou le journal *Le Progrès* N° 2397 du 07 avril 2008 dans cette conversation en arabe, on entend Salah Bauch donner des ordres à Mahamat Nouri de passer à l'attaque, ne plus attendre longtemps.
[31] Journal *Le Progrès* N° 2775 du novembre 2009.
[32] Journal *Le Progrès* N° 2771 du novembre 2009.
[33] Journal *Le Progrès* N° 2827 du 29 janvier 2010.
[34] Journal *Le Progrès* N° 2827 du 29 janvier 2010.

la téléphonie mobile est aujourd'hui désignée en kenga[35] sous le vocable péjoratif de '*Nakhn tarkòbò;* qui signifie 'outils de mensonge, de traîtrise'.

Le caractère 'mensonger' et 'traitre' de la téléphonie mobile trouve sa raison dans l'abus d'autorité de l'administration publique:

> Des chefs militaires sont nommément cités dans le prélèvement d'amendes arbitraires, de rackets, et même de torture de certains habitants. Utilisant des agents bénévoles et incontrôlés et armés, la Garde Nationale et Nomade du Tchad (GNNT), l'Agence Nationale de Sécurité (ANS), les services des eaux et forets provoquent ainsi l'insécurité. Ces agents bénévoles une fois seuls agissent à leur guise et outrepassent le plus souvent les ordres qui leur sont donnés pour faire prévaloir leurs intérêts propres.[36]

Beaucoup de ces autorités administratives disposent au sein de la population des agents des renseignements avec des téléphones mobiles pour leur rapporter des situations sur lesquelles ils pourraient se fonder pour aller racketter les populations. C'est ce qui fait dire à dire à Seid Ably que: 'Avec la téléphonie mobile, l'Etat est trop proche des citoyens. Tu pètes, l'Etat est au courant, tu éternue, l'Etat est au courant'.[37]

En somme, la téléphonie mobile crée une crise de confiance dans la société. Personne n'a confiance en personne: 'tu tapes ton enfant, avant même que ses larmes sèchent, la brigade débarque et c'est l'amende. Tu coupes une brindille pour cure-dent, avant même de l'élaguer, les agents des eaux et forêt vous surprennent sur le lieu et c'est la prison. Et on ne sait pas qui a tout de suite filé l'information'.[38] soutient Gasserké un vieillard très remonté contre la téléphonie mobile. Cette perte de confiance en la téléphonie mobile est en train de relancer de nouveau la marginalisation d'une région qui croyait sortir de sa marginalité grâce à la téléphonie mobile, à cause d'un certain nombre de qualité qu'on lui avait attribué précipitamment comme outil pouvant garantir la confidentialité.

Conclusion

Après une longue période d'attente, les populations hadjeray ont en 2005 découvert avec engouement et satisfaction l'arrivée de la téléphonie mobile dans leur région, d'autant plus qu'elle est un outil très adapté aux réalités de la région du Guéra, région enclavée, manquant d'électricité, aux populations mobiles. Ce moyen de communication est venu un temps soit peu relancer les retrouvailles entre familles distants des centaines, des milliers des kilomètres et dans le même temps ouvert des opportunités d'activités aux populations. Cependant, son image positive est en train d'être ternie par le comportement répressif du gouvernement

---

[35] La langue d'une des composantes ethnique de la région du Guéra.

[36] 'Guéra: Une concertation sur la sécurité et le développement', in *Le Progrès* N° 1145 du lundi 30 décembre 2002.

[37] Op. cit entretien N° 47.

[38] Op. cit entretien N° 21.

tchadien qui sous prétexte de sécurité dans sa lutte contre la rébellion, fait main basse sur les communications mobile et s'octroie le droit de suivre les communications de personnes ou de couper les réseaux dans des zones jugées suspectes. Cette mainmise de l'Etat sur la téléphonie fait aujourd'hui douter et réfléchir sérieusement. Beaucoup se pose les questions de savoir si en vérité, la téléphonie mobile n'est pas un moyen amené pour contrôler les mouvements, la communication des populations qui meurtries par des années de dictatures, communiquent très peu? Au delà du doute que les populations éprouvent à l'égard de la téléphonie mobile, il y a lieu de se demander si les compagnies de téléphonie mobile en faisant le jeu du gouvernement ne se décrédibilisent-elles pas. En acceptant de livrer leurs clients, les compagnies de téléphonie mobiles ne scient-elles pas les branches sur lesquelles elles sont assises?

Références

ABBO, N. (1997), *Mangalme, 1965: La revolte des Moubi.* Paris: Sepia.

AHADE, Y. (1981), 'Les moyen traditionnels de communication, vecteur du maintien de la légitimité traditionnel, en Pays *Ewé*', Thèse de Doctorat de 3e cycle, Université de Lilles, France.

ARCHIVE DE L'ADMINISTRATION COLONIALE, 'Rapport sur la Situation Politique et Economique de la Circonscription du Batha 1919-1944'.

BUIJTENHUIJS, R.J. (1987), *Le frolinat et les guerres civiles du Tchad (1977-1984). La révolution introuvable.* Paris: Karthala.

CASTELLS, M. *et al.* (2007), *Mobile communication and society.* Cambridge, MA: MIT Press.

CHAPELLE, J. (1980), *Le peuple Tchadien: Ses racines, sa vie quotidienne, et ses combats.* Paris: Harmattan.

COQUERY-VIDROVITCH, C. *et al.* (1996), *L'Interdépendances villes-campagnes en Afrique, mobilité des hommes, circulation des biens et diffusion des modèles depuis les indépendances.* Paris: Harmattan.

DE BRUIJN, M. & H. VAN DIJK (2007), 'The multiples experiences of the civil war in the Guéra region of Chad (1965-1990)', *Sociologus* 57: 61-98.

DE BRUIJN, MIRJAM *et al.* (2008), *The Nile connection: Effects and meaning of the mobile phone in a (post)war economy in Karima, Khartoum and Juba, Sudan.* Leiden, African Studies Centre.

DE BRUIJN, M., F.B. NYAMNJOH & I. BRINKMAN, eds (2009), *Mobile phones: The new talking drums of everyday Africa.* Bamenda, Leiden: Langaa RPCIG/African Studies Centre.

DIBAKANA, J.-A. (2002), 'Usages sociaux du téléphone portable et nouvelles sociabilités au Congo', *Politique Africaine* 85: 133-150.

DJARMA G. (2003), *Témoignage d'un militant du FROLINAT.* Paris: L'Harmattan.

DUAULT, P. (1938) 'La subdivision de Mongo de 1911 à 1938', Mongo (TD), Administration Générale.

FUCHS, P. (1997), *La religion des Hadjeray.* Paris: L'Harmattan.

GOGGIN, G. (2006) *Cell phone culture, mobile technology in everyday life.* London: Routledge.

HORST, H.A. & D. MILLER (2006) *The cell phone. An anthropology of communication.* Oxford: Berg.

KINDER, A. (1980), 'Les mouvements de population de République du Tchad', *Revue Politique et Juridique* 34(1): 218-236.

LEBEUF, A.M.D. (1950), *Les population du Tchad (Nord du 10e parallèle).* Paris: PUF.

LE ROUVREUR, A. (1989), *Sahélien et Saharien au Tchad.* Paris: L'Harmattan.

MAGNANT, J-P. (1984), (JP), 'Peuple, ethnie, et nation: Le cas du Tchad', *Droit et Culture 8*: 29-50.

MINISTERE DU PLAN ET DE L'AMENAGEMENT DU TERRITOIRE (1998), '*La population du Guéra en 1993*': Monographie.

NDER, G. & NDJAL-AMAVA (1998), 'Les canaux traditionnels et informels de communication'. N'Djamena.

SMITH, D.J. (2006), 'Cell phones: Social inequality and contemporary culture in Nigeria', *Canadian Journal of African Studies* 40(3): 496-523.

VINCENT, J.-F. (1962), 'Les margaï du pays Hadjeraï ; Contribution à l'etude des pratiques religieuses', *Bulletin des Recherches Scientifiques au Congo*, vol I, 63-86.

VINCENT, J.-F. (1994), L'identité Tchadienne: L'Héritage des peuples et les apports extérieurs, *Actes du Colloque International*. Paris: L'Harmattan.

VINCENT, J.-F. (1990), 'Des rois sacrés montagnards ? Hadjaray du Tchad et Mofu Diamare du Cameroun', *Système de pensées en Afrique noire*. Paris: CNRS 10, 120-144.

YORONGAR, N. (2003) *Tchad, le procès d'Idriss Deby. Témoignage à Charge*. Paris: L'Harmattan.

Le Progrès No 1068 du 4 septembre 2002
Le Progrès No 1075 du 13 septembre 2002
Le Progrès No 1081 du 23 septembre 2002
Le Progrès No 1086 du 30 septembre 2002
Le Progrès No 1132 du mardi 10 décembre 2002
Le Progrès No 1145 du lundi 30 décembre 2002
Le Progrès No 1865 du jeudi 8 décembre 2005
Le Progrès No 2397 du 07 avril 2008
Le Progrès No 2413 du avril 2008
Le Progrès No 2536 du vendredi 24 octobre 2008
Le Progrès No 2771 du novembre 2009
Le Progrès No 2775 du novembre 2009
Le Progrès No 2827 du 29 janvier 2010

www.presidencetchad.org
www.tchadactuel
www.diplomatie.gouv.fr

2

La connexion des marges: Marginalité politique et technologie de désenclavement en Basse Casamance (Sud du Sénégal)

Fatima Diallo

Résumé

Cet article revient sur l'idée de la marginalité qui aurait conduit à la rébellion déjà trentenaire en Casamance et le rôle possible des connexions avec les technologies de l'information et de la communication qui devraient servir au désenclavement. Ce désenclavement vise à améliorer le niveau d'intégration de la région dans le projet national en diminuant les effets de la coupure physique qui aurait participé à l'éclosion d'une coupure mentale, terreau des sentiments identitaires réfractaires au projet d'intégration national.

Introduction: Espace, marginalité et connexion d'une périphérie

On est au début du mois de février; la liste des visiteurs devant le bureau du gouverneur de la région de Ziguinchor est longue et compte, entre autres, un groupe de personnes du troisième âge venu demander une escorte pour sécuriser la réunion qu'il compte faire à la lisière de la ville en vue des fêtes traditionnelles, un homme tout vêtu de rouge avec sa chéchia et son balai, insignes de la royauté sacrée, des groupements de femmes, un couple mixte, des touristes etc. Dans son bureau, le gouverneur passe d'un téléphone à l'autre pour répondre aux différents coups de fil. Il signale que 'tous les ministères sont branchés sur le 'Magal'.[1]

On est au sud du pays, en Casamance, mais les technologies aidant, la fièvre de la fête religieuse mouride se fait sentir même dans les zones les plus reculées. Les interactions autour de cette fête remplie de symboles dans le contexte séné-

---

[1] Le Magal est une fête religieuse de la confrérie mouride célébrant l'anniversaire de la déportation au Gabon du fondateur de la confrérie Cheick Ahmadou Bamba par les colonisateurs le 12 août 1895. Cf. Christian Coulon (1999), 'The Grand Magal in Touba. A religious festival of the Mouride brotherhood of Senegal', *African Affairs* 98(1): 195-210.

galais sont continuelles même dans les zones périphériques. Les technologies, en particulier le téléphone, permettent aux autorités de l'État de recevoir les instructions, de suivre les exigences de l'administration centrale pour les tâches qui leur incombent, dont la facilitation du déplacement des populations désirant participer à la fête religieuse. Il y a une connectivité certaine mais au-delà de cette connectivité, on note ici encore l'imbrication entre le religieux et le politique qui fait même la spécificité du contrat social sénégalais.

Même si cette relation entre le religieux et le politique ne forme pas le cœur de notre réflexion dans cette contribution, il faut noter que la plupart des discours abondent dans le sens de l'exclusion de cette région méridionale du contrat social sénégalais bâti sur le modèle islamo-wolof. Pourtant, on peut lire dans la scène décrite ci-dessus que les autorités administratives au niveau des régions sont – même dans cette partie du pays – en interaction directe avec les autorités centrales, notamment grâce aux technologies de l'information et de la communication.

L'idée selon laquelle les technologies pourraient rendre plus aisée la connectivité est assez bien établie (Chéneau-Loquay 2006). Pourtant si cette idée de facilitation de la connectivité et de l'accès est l'un des arguments militant pour la forte présence technologique dans les zones urbaines, sa territorialisation dans les zones rurales semble plus illusoire. Qu'en est-il alors de l'accessibilité des zones périphériques, surtout celles que l'on peut considérer comme marginales ou marginalisées par rapport au reste du pays? De façon plus concrète, qu'est-ce que les technologies des communications peuvent apporter aux zones comme la Casamance, qui se trouvent dans une relation de liens relâchés par rapport au système central de l'Etat au double plan symbolique et pratique. La distance sur le plan pratique renvoie à l'enclavement de la région coupée du reste du pays par un autre Etat, la Gambie, et la distanciation symbolique fait état de la crise du lien avec le modèle sociopolitique dominant matérialisée par la rébellion[2] déjà trentenaire qui sévit dans cette région.

En effet, en Casamance, la question de la marginalité imaginaire ou réelle a été et reste la toile de fond du discours expliquant la crise. Partant de l'hypothèse clairement inscrite dans le discours des acteurs mais aussi en tant que réalité vécue, cette contribution a pour question centrale le rôle des technologies dans les tentatives d'intégration nationale avec ses différents enjeux, surtout ceux sur le plan politique. Elle est d'ambition assez modeste car elle essaye de rendre compte des premières observations, pour ne pas dire préliminaires, faites à la suite des tout premiers mois de recherche de terrain, et cela suivant une perspective largement descriptive. Ce travail de terrain réalisé essentiellement par le

---

[2]   Le 26 décembre 1982, à la suite d'une répression des manifestations réclamant l'indépendance de la région, se déclarent les hostilités entre le gouvernement sénégalais et les forces de la résistance avec à leur tête le Mouvement des forces démocratiques casamançaises (MFDC) existant depuis 1947.

biais d'entretiens et de techniques de 'focus group', a eu lieu principalement à Ziguinchor et à Oussouye, et de manière incidentelle à Bignona et Diouloulou. De ce fait, ce chapitre s'efforce de dresser un tableau assez large des usages et sens possibles des technologies de l'information et de la communication et de leurs liens avec la situation marginale de la région.

Par ailleurs, dans un contexte où la crise du lien pourrait davantage être analysée comme une crise du modèle dominant – une crise dont les causes sont à rechercher notamment dans l'échec de l'Etat-nation ou celui de la démocratie représentative, mais aussi, dans le même temps, dans des logiques de pouvoir qui ignorent la consolidation du lien politique plutôt que dans un particularisme casamançais – le choix de cette région doit être justifié. En fait, dans le grand ensemble sénégalais, ce choix est lié au fait que la région méridionale apparaît comme spécifique par rapport au reste du pays en ce qu'elle a eu à s'opposer de façon plus ou moins radicale à ce que Louis Vincent Thomas identifiait déjà comme les puissants 'courants acculturatifs'. Ces courants ont pour nom le système colonial déstructurant, le procès de 'sénégalisation' drastique, l'islamisation accélérée ayant trait à la modernité dans un pays qui a reconstitué son socle à partir de ces paramètres. La résistance à ces courants constitue l'un des facteurs qui auraient conduit à la rébellion qui secoue la zone depuis les années 1980. Cette rébellion devenait, au fil des années, le talon d'Achille du 'géant democratique' que semblait constituer le Sénégal comparé aux autres pays d'Afrique de l'époque.

Par ailleurs, d'un point de vue géographique, la Casamance, avec une superficie de 28 350 km^2, constitue 1/7e du territoire sénégalais. Située dans le sud du pays, elle est limitée au nord par la frontière gambienne, à l'est par un affluent du fleuve Gambie, la Koulountou, au sud par les frontières de la Guinée-Bissau et de la Guinée Conakry. La Casamance, qui doit son nom au fleuve qui la traverse, était composée des régions de Kolda et Ziguinchor. Connue auparavant sous le nom de la 'Casamance naturelle', elle a été morcelée en plusieurs entités territoriales par les découpages administratifs.[3] Aujourd'hui, elle se compose des trois régions de Kolda, Sédhiou et Ziguinchor.[4] Dans le cadre de ce travail, nous utilisons le nom Casamance pour désigner – de façon un peu abusive – la 'Basse Casamance' qui correspond géographiquement à la région administrative de Ziguinchor, ancien comptoir portugais créé en 1645 avant de devenir plus tard une possession française. Elle couvre une superficie de 7 339 km^2 et se situe à 12° 33' de latitude nord et 16° 16' de longitude ouest, déclinaison magnétique 13° 05, altitude 19, 30m dans la partie sud-ouest du pays. La région est limitée à l'ouest par

---

[3] Elle fut divisée en trois régions administratives durant la colonisation: la haute Casamance autour de Kolda, la moyenne Casamance autour de Sédhiou et la basse Casamance autour de Ziguinchor.
[4] Cf. Loi n° 2008-14 du 18 mars 2008 modifiant la loi n° 72-02 du 1er février 1972 portant organisation de l'administration territoriale.

l'océan Atlantique avec 86 km de côté, à l'est par la région de Kolda, au sud par la Guinée-Bissau et au nord par la Gambie.

Cette région est apparue très tôt comme une zone spécifique au Sénégal. De par ses spécificités (position géographique, différences ethniques, conditions historiques de colonisation, potentialités agricoles et économiques etc.), elle en est venue à former une des résistances politiques les plus anciennes connues dans le pays. Les hostilités reposent sur une revendication de clivages clairement identitaires, instrumentalisés à des fins séparatistes affirmant la particularité du peuple casamançais par rapport aux Nordistes du 'grand Sénégal'. Il faut noter que bien que la crise n'ait pas conduit aux dérives connues dans certains pays africains, la 'marginalité' de la région n'a pas facilité l'émergence d'un sentiment national.

Mais le flou du concept de 'marginalité' rend difficile le décryptage des logiques de pouvoir qui entourent les enjeux de l'intégration nationale. En effet, le mot 'marginalité' est assez galvaudé. Il l'est au point qu'il devient difficile de trancher entre les situations de.'marginalité', de 'marginalisation' et de celles d'apparentes formes 'd'auto-marginalisation'. Cette complexité vient avant tout du caractère relatif de la constitution des 'centres' et des 'périphéries' car elle est liée fondamentalement à la perception de l'espace. Le centre est variable et les perceptions des périphéries sont fluctuantes en ce sens qu'il s'agit d'une question de rapports avec une limite. En Casamance, dans la perception des populations, le centre est constitué de la zone urbaine avec l'effet que, comme partout, 'l'urbain' exerce une attraction sur 'le rural' auquel il est opposé. Cette attraction a conduit certains villages (Koubalang, Kabiline, etc.), à la recherche d'un modèle d'aménagement urbain, à lotir les villages en reprenant le schéma des villes. A Kabiline la logique a été poussée à un tel point que les populations ont loti leur village en deux blocs baptisés 'commune 1' et 'commune 2'. Cette quête du 'centre' serait-elle un processus de perte de sentiment identitaire des villageois en faveur d'un 'urbain' qui n'existe pas en Casamance, à relier à une perte de plusieurs autres repères?

Mais sous quel registre tel lieu peut-il être considéré comme centre par rapport à tel autre lieu? Les réponses apportées prennent souvent en considération le niveau économique,[5] la situation géographique[6] ou la constitution de la composante humaine du milieu.[7] Au-delà de ces indicateurs, la marginalité reste une question

---

[5] Dans ces cas, sont considérés comme marginaux les lieux touchés par la pauvreté. Ainsi au Sénégal, si, de ce point de vue économique, on peut considérer Dakar comme capitale économique, politique et administrative, comme centre, sa banlieue pikinoise apparait aussi comme une zone marginale dans l'espace urbain dakarois.

[6] Suivant cette perspective, sont marginaux les lieux dits périphériques du fait de leur distance à l'exemple de Fonguelemni, le village le plus éloigné de Dakar, la capitale sénégalaise.

[7] Dans cette situation les groupes supposés minoritaires du point de vue ethnique, religieux ou culturel par rapport au reste du pays sont dits marginalisés. Il peut s'agir ici de la situation des Bedik, petit

qui peut se situer au-dessus de la situation dans l'espace pour se positionner au niveau des rapports que l'individu développe avec cet espace. Cet aspect met en avant les dimensions historiques et sociopolitiques de la construction et de la déconstruction des espaces. En effet, d'un point de vue politique, la connexion effective au système central faisant défaut, les indépendantistes qui rejettent le système dominant autocentré considèrent-ils forcément Dakar, la capitale du Sénégal, comme un 'centre'? Au delà de cette question, on peut noter que ce défaut de connexion est en soi un problème dans le projet national totalisant qui fonde l'idéologie de l'Etat-nation. D'un point de vue social, Oussouye, une petite agglomération par sa taille mais célébrée par les indépendantistes, car polarisant le système traditionnel basé sur la royauté chez les 'Diola Kasa'[8], n'est-elle pas un centre pour ses ressortissants et même, d'une certaine façon, pour l'État sénégalais qui en a fait un.'centre administratif'?

La difficulté de répondre à ces questions conduit à l'idée qu''il y a des centres qui se superposent, avec des logiques différentes, convergentes, générant des périphéries multiples et variées qui peuvent elles-mêmes se repositionner comme des centres et générer d'autres périphéries. En effet, il est important de souligner que les populations vivent avec plusieurs centres. A titre d'exemple, Ampa[9] se considère comme casamançais, diola, du Buluf, du village de Thiobon, du quartier de Kabine, de la famille Colicounda. Chaque centre se construit en opposition à des marges: Un Casamançais par opposition au Sénégal lointain, un Diola par opposition aux Bainounk, un Buluf par opposition au Fogny, un habitant de Thiobon par opposition aux habitants de Kartiak, un habitant de Kabine par opposition aux habitants de Erindiang, etc. L'autre, 'l'autre espace', 'l'autre individu' recèlent toujours une parcelle d'altérité qui, en définitive les situe dans la sphère de la marginalité.

Dès lors, il devient important de préciser notre entendement de la notion même de 'marginalité' surtout dans le contexte sénégalais. En effet, considérer Dakar, capitale économique et administrative résumant le territoire sénégalais dans les imaginaires casamançais, comme étant le centre, la cité de base et cadre de référence, pourrait être une vision technocratique qui va dans le sens de l'État. Mais elle reste la vision qui paraît la plus pratique. Quand on évite le piège de la relativité excessive, on se rend compte que c'est effectivement, d'un côté, la Casamance qui affirme de façon visible et catégorique son statut de 'zone marginalisée' dans l'ensemble du territoire sénégalais, donc qui reconnaît aussi, d'une

---

groupe ethnique vivant dans des collines isolées au-dessus du village d'Iwel ou des Bassaris du Dendefelo, dans la partie orientale du pays.

[8] Sur la place de la Royauté chez les Diola, voir Jordi Tomàs, 2005, "La parole de paix n'a jamais tort" La paix et la tradition dans le royaume d'Oussouye (Casamance, Sénégal), *Revue Canadienne des Études Africaines*, Vol. 39, N° 2, Discordante Casamance, pp. 414-441.

[9] Nom très commun dans le milieu diola (ou Joola), choisi au hasard.

certaine manière, son 'exclusion' par un système central dont la base est Dakar. Cette position est à l'origine des différentes revendications justifiant l'intérêt particulier dont elle fait l'objet.

Mais si la Casamance est marginalisée, il reste encore à cerner si elle l'est parce qu'elle se trouve dans une 'situation minoritaire', et dans ce sens la marginalité équivaut à un terme qui lui est proche à savoir la 'minorité'. Il est fréquemment apparent que le concept de 'minorité', souvent employé en rapport avec la constitution ethnique ou religieuse du groupe social, est quasi-inopérant dans le contexte sénégalais. Si les groupes ethniques les plus petits ont tendance à se retrouver dans les régions orientales et méridionales (Tambacounda, Kolda, Ziguinchor et Sedhiou), les Diola, qui constituent la majorité de la population dans la région de Ziguinchor, se classent en quatrième position dans la composition ethnique de la population nationale. Qui plus est, cette ethnie est considérée comme 'essentiellement sénégalaise' à côté des Wolofs et des Serers dans une catégorisation qui, fondée sur une répartition du groupe dans les espaces nationaux,[10] exclut d'autres ethnies comme les Peulh et les Mandingue (Bernier 1976: 449). Si les Diola sont dans une situation marginale, le plus souvent c'est parce qu'ils sont dans une région qui est périphérique, mais non pas parce qu'ils seraient forcément minoritaires en tant que groupe ethnique.

Par ailleurs, le concept de 'minorités ethniques' est rarement de mise au Sénégal. En fait, les populations effacent la différence par la notion d' 'accueil', 'Teranga' en wolof signifiant l'ouverture vers l'autre disqualifiant, du moins théoriquement, la mise à l'écart d'un individu ou d'un groupe du fait de son 'étrangeté'. Ainsi le Sénégalais se défend-t-il de faire des distinctions quand il parle de problèmes ethniques généralement sublimés dans des relations de 'cousinage à plaisanterie'. Cet argument prospère en raison de la facilité de la constitution des échanges inter-ethniques et inter-religieux (Ghellar 2002: 509)[11] dans une société qui pour sa plus grande partie s'adosse sur une organisation hiérarchisée différenciant les gens de castes des autres. Ce raisonnement pourrait être largement mis en perspective mais le résultat reste que les discours officiels et même popu-

---

[10] Jacques Bernier (1996) considère que: 'Si l'on excepte la Gambie où ils sont plus de 70 000, les Wolof ne comptent en Mauritanie et au Mali que de petites communautés qui ne représentent qu'une fraction négligeable de leur nombre total. Exception faite de quelques petits groupes établis au nord-ouest de la Gambie, tous les Sérer résident au Sénégal. Quant aux Diola, qui, en dépit de leur affinité avec les populations de Guinée-Bissau, forment un groupe propre, seulement 30 000 à 40 000 vivent en dehors du Sénégal, notamment en Guinée-Bissau et en Gambie'.

[11] Selon cet auteur, bien qu'historiquement, la société sénégalaise, en dehors des ethnies acéphales comme les Joola, soit largement inégalitaire parce que constituée de classes et castes, elle a toujours été très ouverte au pluralisme ethnique et religieux. Ainsi les minorités ethniques et religieuses n'étaient pas exposées à la discrimination car elles avaient leur place dans l'organisation sociopolitique. Les groupes minoritaires fondaient leurs quartiers ou leurs villages et étaient représentés par leurs chefs dans les institutions de la monarchie. Ils préservaient leurs langues et pouvaient installer leurs structures religieuses et leurs cultes.

laires demeurent fortement réfractaires à l'idée même de l'existence de 'minorité' dans le pays. L'ancrage de cette perception dans les mentalités pourrait être l'une des raisons qui met en échec les tentatives d'ethnicisation du conflit casamançais ou même l'engagement de la 'parenté' à plaisanterie dans sa résolution (de Jong 2005).

Toutefois, ce que cette vision occulte est que, même le simple fait d'une situation en 'zone périphérique' détermine les positions des Diola dans les échanges relationnels avec les autres groupes sociaux. Avec d'autres ethnies du 'Sud', ils occupent des positions sociales marginales dans les centres urbains du 'Nord': Femmes domestiques, hommes employés ou militaires subalternes.

De ce fait, nous entendons par marginalité la position distanciée de la Casamance par rapport au modèle dominant du fait de sa situation périphérique. Nous rejoignons ici la définition des périphéries de Mamadou Diouf qui les caractérise comme des: 'Régions physiques et / ou culturelles exclues des centres wolof constitués par les villes du littoral atlantique, par les pays traditionnellement *wolof* et *lebu* et par les porteurs du modèle islamo-wolof d'organisation sociale, politique et religieuse. Ces périphéries peuvent partager avec le Centre certains éléments mais elles n'en possèdent ni la totalité, ni la systématisation: Elles sont soit à la marge ou tenues à la marge, soit subordonnées au modèle' (Diouf 2001: 161).

Pour notre part, la pauvreté et l'existence de minorités ne seront pas mises en avant dans notre appréhension de la marginalité. L'accent sera plutôt porté sur la position géographique qui à notre sens reste la base de tous les autres facteurs marginalisants qui pourraient affecter la région. Ce qui en découle est d'importance pour la compréhension de la géographie et de l'histoire sociopolitique de la région. Il faut certes noter qu'au Sénégal, la politique de décentralisation qui visait à résoudre les déséquilibres économiques et administratifs entre le centre et ces périphéries ne semble pas encore avoir produit les effets escomptés, mais l'ambition de l'État d'engager cette partie rebelle à son projet national reste encore très présente. En effet, l'État a voulu trouver plusieurs solutions, notamment par la voie des négociations politiques, mais aussi par des séries de réformes. Ces réformes ont été entre autres la politique de la régionalisation (Hesseling 1994: 257). Et, plus récemment, dans le courant de 2010, la voie 'musclée' des armes a pris un tour rarement atteint depuis l'Alternance pour essayer de résoudre le problème casamançais en affaiblissant les ailes combattantes du mouvement indépendantiste. A côté de ces différentes démarches semble surgir la question du développement des territoires par le biais des infrastructures, notamment celles de la communication. Elle concrétise la nécessité pour l'Etat d'instaurer la paix et de remettre en marche une économie malmenée par des années de conflit. C'est dans ce contexte qu'est introduit le 'discours sur les infrastructures' qui essaie de lancer.le 'message de l'inclusion' aux populations casa-mançaises qui se désintéressent largement de la politique centrale.

Pour une meilleure compréhension d'une telle stratégie, nous allons essayer de revenir sur la cause réelle et objective de la marginalité et la façon dont elle est perçue par les acteurs, avant de nous interroger sur certains développements lointains et récents liés aux possibilités qu'offrent les technologies de l'information et de la communication en termes de réduction de la marginalité.

Photo 2.1   Un jeune homme se retire pour passer des coups de fil alors que la voiture qui le transportait est contrôlée par policiers au niveau de la frontière entre le Sénégal et la Guinée-Bissau (Mpack).

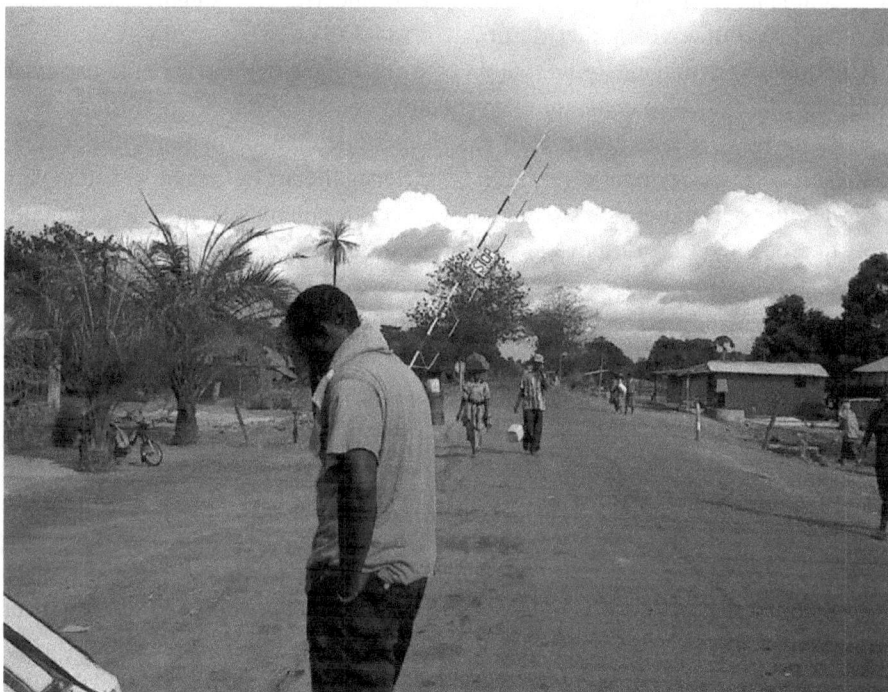

La coupure physique:
La réalité d'une 'non-connexion' de la Casamance?

Un des éléments structurant le sentiment de la marginalité reste la question de la situation géographique. En effet, la structuration naturelle sous forme d'enclave ne facilite pas le rattachement de cette zone au reste du pays. La Casamance est coupée du reste du pays par le territoire gambien et de ce fait il est plus facile de se rendre dans les pays limitrophes comme la Guinée-Bissau et la Guinée Conakry que de rejoindre la capitale du pays. A ce propos Marut écrit dans son récent ouvrage: 'le credo sénégalais d'un 'territoire sans couture' (paroles senghoriennes de l'hymne national) se heurte à la réalité de cette 'coupure gambienne' Coupure physique sous forme d'une discontinuité territoriale affectant la liaison entre le centre (Dakar) et sa périphérie méridionale. Mais la coupure n'est pas que physique. Les Casamançais ne sont pas les seuls ressortissants des régions périphériques à dire qu'ils 'vont au Sénégal' lorsqu'ils se rendent à Dakar. Mais ils sont les seuls à devoir quitter le territoire sénégalais, franchir des frontières et traverser un territoire étranger pour le faire. Bien plus que ne le ferait une situation insulaire, cette situation perturbe la représentation d'une unité nationale tout en accentuant le sentiment d'une altérité casamançaise: La 'coupure gambienne' est aussi une coupure mentale (Marut 2010: 184-185).

La coupure gambienne, qui a toujours été considérée comme un handicap pour la région casamançaise en ce qu'elle rendait la communication très difficile avec le reste du pays, a fait qu'il n'était pas exagéré de considérer la région comme une 'périphérie de périphérie', au sens où le Sénégal était lui-même, et est en partie resté, une périphérie de l'ex-métropole. En effet, depuis la période coloniale, alors que dans le reste du pays la communication s'est développée, dans le Sud, les interactions ne furent pas denses. Comme l'explique Wesley Johnson (1991: 17), le pays a toujours été 'de communication aisée pour ses habitants. Qu'il s'agisse de la guerre, de commerce ou de la vie de tous les jours, les peuples dominants, wolofs et sérères, ont toujours entretenu des contacts avec leurs voisins: Les Toucouleurs au nord du fleuve Sénégal, les Lebous sur la péninsule du Cap Vert, les Peuls nomades à l'est et les Malinkés au sud-est. Seuls les Diola et les autres peuples de la Casamance restèrent isolés de cet ensemble.' L'auteur ajoute qu'il n'y eut guère de contacts, avant le 20ème siècle, entre les plaines centrales du pays et la Casamance dans un contexte où l'unité nationale du Sénégal passait par son unité géographique car les frontières tracées par les colons, contrairement aux autres colonies, suivaient les tracés des frontières traditionnelles qui distinguaient par ces lignes frontalières les Maures du nord 'des peuples soudaniens à l'est et d'une poussière de groupes ethniques au sud' (Wesley Johson, *ibid*).

Cette relativité de la communication avec le reste du pays avait participé à la quasi- exclusion de la région des réseaux commerciaux et clientélistes qui structureront le modèle politico-économique du pays. En contrepartie, la coupure physique aurait facilité, entre autres, les relations avec les pays voisins plutôt qu'avec le nord du Sénégal. En conséquence, la périphérie devint très vite stratégique pour l'État sénégalais comme elle le fut d'ailleurs pour les colons français face à l'occupation portugaise et dans leur rivalité avec les Britanniques de la Gambie voisine.

Par ailleurs, face à la multiplicité des héritages coloniaux et des expériences postcoloniales, les échecs des tentatives d'intégration par le haut, le développement des flux transfrontaliers informels, l'incapacité croissante des États à mobiliser les moyens de leurs politiques et à répondre aux aspirations des populations, les analystes ont souvent exprimé les relations entre le Mali, la Guinée, la Gambie et le Sénégal comme une sorte de guerre froide que l'on essaye de gérer sans recours à la force.

Dans ce sens, il est utile de rappeler qu'après les indépendances, l'idée de suppression de certaines des frontières a été mise sur la table, notamment avec le projet d'intégration de la Gambie au Sénégal soit sous la forme d'une intégration totale, soit d'une confédération ou d'une association de compromis. Ces discussions font émerger l'idée d'une 'Sénégambie'.[12] Cette idée d'intégration acquit l'assentiment de la première administration gambienne postcoloniale surtout après l'accession au pouvoir de Dawda Jawara en 1963 (Hughes 1992: 34-35). Mais, dès 1969, apparaissent des incidents frontaliers liés à la répression de la contrebande de produits gambiens et des différends frontaliers dont les plus prononcés sont notés vers les années 1974. En 1976, dans la zone de Kantora, qui pourtant représente un espace important pour le Sénégal pour avoir été un des bastions de la colonisation agricole maraboutique[13] dont la dynamique a conduit à la création de la ville de Madina Gounass dans les années 1930, se dessinent d'autres problèmes frontaliers. Ainsi, vingt-six des vingt-huit villages de la zone frontalière faisant objet de revendication entre les deux pays ont été cédés à la Gambie, alors que s'entamait la démarcation de limites frontalières qui seront acceptées en 1979 (Senghor 2008: 210).

Toutefois, malgré les périodes de trouble, quelques facteurs internes et externes[14] conduisent les deux pays à revenir vers la collaboration dont le point culminant est l'intervention de l'armée sénégalaise qui avait fait échouer la tentative de coup d'État de la gauche gambienne. Cette intervention, sans pour autant en être la seule cause, précipite la création de la Sénégambie (Hughes 1992: 36). En fait, l'adhésion à la confédération était un objectif sérieux pour le Sénégal qui y voyait de multiples avantages à long terme, notamment avec une ambition de créer une union économique et monétaire qui allait résoudre l'ancienne et insoluble question de la contrebande d'origine gambienne perçue comme une menace économique. A cet avantage s'ajoutait la possibilité de création, par le nouvel accord confédéral signé avec la Gambie, d'un 'système de défense unifié sous le

---

[12] Nom jadis donné à une entité résultant d'une fusion des comptoirs franco-britanniques situés sur la côte durant les années 1765 et 1778.
[13] Sur cette dynamique de colonisation agricole encadrée par les marabouts, voir Sylvie Franhette, 1999, Colonisation des terres sylvo-pastorales et conflits fonciers en Haute-Casamance, Collection tenures foncières pastorales n° 13, London: IIED.
[14] Arnold Hughes revenant sur les objectifs de la confédération de Sénégambie met en lumière ces facteurs qui pousseront les deux Etats à raffermir leur relation durant cette période (Hughes 1992: 37-44).

contrôle du Sénégal', permettant à ce dernier de se renforcer face à la Guinée-Bissau qui avait déjà affiché une solidarité avec les putschistes gambiens et en même temps pourrait soutenir les rebelles du MFDC. Et enfin, l'union avec la Gambie facilitait considérablement l'accès à la Casamance à travers le territoire gambien, ce qui permettait d'éviter le détour par le Sénégal oriental. Pourtant, l'adhésion gambienne, elle, serait plutôt perçue comme de forme. Cette perception n'était point liée à l'absence d'avantages[15] pour l'ancienne colonie britannique mais plutôt à l'importance de son autonomie économique et à sa souveraineté nationale que ces liens désormais étroits avec son 'grand voisin', qualifiés d' 'occupation' par les détracteurs, semblaient menacer. Or, en 1989, alors qu'il est confronté, au niveau interne, à une demande sociale de plus en plus forte, l'Etat sénégalais doit faire face au gel et à l'éclatement de la Confédération sénégambienne suivis d'un blocus économique autour de la frontière partagée. Une difficulté qui surgit simultanément avec les crises avec les Etats voisins, à savoir le conflit qui l'oppose à la Mauritanie, le différend sur la frontière maritime qui l'oppose à la Guinée Bissau et qui tourne autour de l'exploitation du gisement pétrolier offshore (Sall 1992).

Toujours est-il qu'avec la simultanéité des crises frontalières qui secouent l'Etat sénégalais, ses velléités hégémoniques dans la sous-région se retrouvent considérablement entamées. Les États riverains, comprenant l'avantage qu'ils pourraient tirer de la fragilisation de l'État sénégalais, entretiennent des alliances avec le mouvement indépendantiste. La politique du 'grand voisin' du gouvernement du Sénégal trouve une limite de taille dans la perspective effrayante de l'Union 3B (Banjul, Bignona, Bissau). Cette perspective a été agitée en premier lieu par le putschiste gambien Kukoi Samba Sagnang depuis les années 1981 lors de sa tentative de coup d'Etat (Faye 1994: 198-199) avant d'être reprise par le discours indépendantiste du MFDC. En réalité, depuis l'échec de la tentative d'intégration, la Gambie constitue une gêne pour Dakar parce que, de.par la coupure géographique que pose sa situation au milieu du pays, elle est déjà vue comme étant à l'origine même du déséquilibre majeur ayant conduit à la rébellion (Barry 1999: 62).[16]

Mais, bien évidemment, pour que le 'B' soit triple, il fallait que la Guinée-Bissau trouve un intérêt dans cette possible union. En fait, les raisons ne man-

---

[15] En plus de l'offre sécuritaire par une subordination militaire au Sénégal, des avantages non négligeables devaient découler de la confédération. Selon Hughes, ces avantages sont, entre autres,.une utilisation maximale du fleuve comme moyen de transport permettant au Sénégal une plus grande utilisation des ports fluviaux gambiens ainsi que du pont de Banjul par exemple pour l'évacuation du minerai de fer du Sénégal oriental, la production d'électricité à coût faible à partir de la centrale hydroélectrique à Kikriti, l'aménagement global des routes, des demandes conjointes de prêts adressées à des tiers, une augmentation de l'accès au marché sénégalais plus vaste, l'adhésion à l'UEMOA et la zone franc qui devait conduire à l'abandon de la faible monnaie locale (le dalasi), etc. (Hughes 1994: 42-43).
[16] Dans ce passage Barry (2005) qualifie la rébellion de Joola (diola), ce qui est fort discutable.

quaient car le Sénégal n'était pas le seul à rechercher une unité organique dans la sous-région; la Guinée Bissau l'avait déjà essayé avec le Cap Vert. Comme pour le Sénégal, la tentative bissau-guinéenne s'était soldée par un échec et la crainte existait d'une possible reproduction de cette logique avec la Casamance (Faye 1994: 198). C'est dans ce contexte que le conflit casamançais semble se régiona-liser par ses réseaux en Guinée-Bissau et en Gambie. Selon J.-C. Marut, la fameuse Union '3B' permettrait de reconstituer l'ancien Empire de Gabou même si paradoxalement la région de la Basse Casamance ne faisait pas partie de cet empire.

Comme le souligne Sagna à propos de la zone transfrontalière Diouloulou-Brikama, qui n'hésite pas à témoigner de sa propre situation par ces propos:

> Je suis sénégalais mais j'ai des parents qui vivent en Gambie. Les gens écartelés par les fron-tières sont souvent de même ethnie et de la même famille. Par exemple, les Karone sont ori-ginaires des îles Karone en Casamance. Actuellement il y a plus de Karone en Gambie que dans cette zone et dans le reste de la diaspora. Aujourd'hui ils ont un nouveau dialecte qui s'apparente à la langue mandingue du fait des métissages avec les langues gambiennes. Ils partagent l'ensemble des fêtes (baptême, décès, Gamou, la grande cérémonie de circonci-sion, etc.). Face à de telles réalités, les gens utilisent les circuits parallèles, comme par ail-leurs la plupart des populations de la région qui profitent des rapports de clientèle et de pa-rentèle dans l'administration pour avoir les nationalités des différents pays frontaliers. En ef-fet, certains villages sont dans le territoire sénégalais alors que les habitants ont pour la ma-jorité des cas la nationalité gambienne conduisant à l'illusion que le territoire est bien gam-bien.[17]

Par ailleurs, une bonne partie de la zone frontalière au nord de la région n'est pas couverte par le réseau téléphonique sénégalais. Les gens utilisent le réseau gambien comme d'ailleurs ils utilisent la monnaie et les produits de base prove-nant de ce pays notamment pour la consommation alimentaire.

La différence de situation géographique avec les autres régions qui pourtant semblent subir la même position périphérique par rapport au centre est un des éléments explicatifs les plus illustratifs de la prospérité même relative des velléi-tés irrédentistes dans cette partie du pays. Elle structure les perceptions que les populations ont de leur propre condition par rapport au reste du pays.

La coupure mentale:
La 'mise entre parenthèses' dans le projet national

Pour ces différentes raisons politiques, économiques et géographiques, le pouvoir central a eu du mal à établir sa stratégie d'intégration de la région, stratégie qui passe, pour une grande part, par le clientélisme politique. Ce qui réduit considé-rablement le degré d'inclusion dans la nation et l'éclosion d'un sentiment natio-nal chez les populations qui perçoivent cette marginalité comme une réalité qui

---

[17] Entretien avec C. Sagna, Diouloulou, le 22 mai 2010.

fait d'eux des 'citoyens à part'. En effet, dans l'esprit de beaucoup de Casamançais, la liaison entre la coupure physique et leur mise à l'écart par le système dominant est vite établie. Ainsi un ancien de Tendeuck martèle-t-il que la 'Casamance n'est pas sénégalaise, elle est très loin, très loin. La Casamance est entre parenthèses. Comme déjà la géographie l'indique, elle est entre la Gambie et la Guinée Bissau, c'est comme ça aussi que les fils de la Casamance sont considérés: Dans la parenthèse'.[18]

La perception de la différence est assez présente dans les mentalités des populations au point où il est difficile de discuter avec un ressortissant de la zone des questions de pouvoir sans qu'il ne fasse référence, soit de façon modérée sous des dehors religieux, soit avec une position moraliste, ou de façon plus radicale sous une forme de revendication politique, aux nécessités d'un 'respect de l'autre'; de 'liberté de culte' et de 'diversité culturelle'. C'est dans ce sillage que Geneviève, une quinquagénaire habitant à Oussouye, transmet sa vision du problème de la région mettant en relation marginalisation et conflit en ces termes 'Quand tu as deux maisons et que tu ne les mets pas au même pied d'égalité',[19] des crises peuvent surgir. Ce sentiment d'inégalité de traitement, déjà ancien, n'a jamais échappé aux 'entrepreneurs politiques' qui ont vite fait de le transformer en problème ethnique. En fait, au plan social, le répertoire d'exploitation économique trouvant des échos dans les spécificités sociologiques liées aux questions de la constitution ethnique et religieuse a été agité pour s'ajouter aux questions politiques d'une région dont certains des habitants ont toujours affirmé qu'elle était au Sénégal mais jamais dans le Sénégal, justifiant ainsi les velléités indépendantistes. Dans les échanges avec le pouvoir et même parfois dans les écrits en réponse aux experts qui ont publié des travaux sur la région, les leaders indépendantistes expliquent que le Diola (synonyme pour eux de Casamançais) a été abusé par le Wolof (synonyme de Sénégalais). L'instrumentalisation de cette idée va faire qu'au début même de la crise, il y ait eu des attaques ciblées (Thioubalos[20] de Adéane, pêcheurs de Diogué, Manding de Kafountine et Kabadio).

Le discours a pour adossement la spécificité du sentiment identitaire diola. Celle-ci trouve une légitimité, car célébrée dans le discours officiel de l'État qui voudrait s'attribuer le statut démocratique que lui confère l'idée d'un respect des spécificités culturelles par ses gages déclaratifs. Aussi, dans l'idéologie du mouvement indépendantiste produite par l'ancien leader charismatique l'abbé Djamacoune, la réalité identitaire casamançaise se résout dans un socle identitaire d'origine Diola. Il va jusqu'à instaurer un glissement de la communauté ethnique à la communauté idéologique comme dans le modèle islamo-wolof dont parle

---

[18] Entretien avec.S. Mané, Tendeuck, le 29 décembre 2009.
[19] Entretien avec Mme Geneviève, le 17 octobre 2009.
[20] Pêcheurs de l'ethnie toucouleur généralement venus de la vallée du fleuve Sénégal dans les actuelles régions de Saint-Louis et de Matam.

Mamadou Diouf. Or, la notion même d'une communauté idéologique reste sujette à question tant est illusoire l'idée d'un 'portrait-robot' du Diola qui reflète l'image d'un Diola stéréotypé. De même, il n'y a pas une 'société diola' mais des sociétés diola très variées avec des stocks d'idées et d'institutions assez différentes (certaines ont des 'rois', d'autres non; certaines sont très influencées par les modèles musulman/manding ou catholique, d'autres pratiquent les religions traditionnelles). Pour Nouha Cissé, 'on note une volonté manifeste de déconstruction de la réalité historique et de reconstruction de l'histoire dans l'idéologie de Diamacoune car la Casamance est plurielle. Il y a une Casamance des terroirs: Diola, mandingue, socé, peulh, etc. Mais aussi une complexité des terroirs dont les structures s'organisent de façon assez autonomes avec une difficulté de l'établissement d'un lien de dépendance même avec l'ethnie majoritaire (...)'. Cette position occulte le processus actuel et même ancien d'hybridation des Diola, notamment avec les Mandingues et autres minorités de la région. En outre, à ces métissages ethniques et culturels s'ajoute une nouvelle réalité dans laquelle l'individu s'inscrit dans différents registres identificatoires: National, professionnel, politique, etc. Autant de registres supposés inconnus dans une société rurale ancienne.

Cependant, il apparaît dans une telle idéologie, comparée à celle du centre incriminé dans le discours du mouvement indépendantiste, une similitude de logiques bien que celui-ci prône la différenciation des deux modèles sénégalais et casamançais. Si le modèle socio-historique casamançais s'oppose au 'modèle sénégalais' où les Wolof dominent les autres ethnies dans le pays, le premier semble consciemment ou inconsciemment perpétuer la logique du second en essayant de bâtir son projet sociopolitique sur le sentiment identitaire diola, reproduisant ainsi un discours de domination de l'ethnie majoritaire sur les autres ethnies présentes dans la région. En fait, la seule différence de taille entre les deux modèles serait que le nationalisme diola-casamançais, avec cette tendance dominatrice, est lui-même un nationalisme dominé par rapport au nationalisme wolof-sénégalais qui supplante les autres dans la construction idéologique de l'Etat sénégalais. Le nationalisme diola-casamançais butera sur une question à laquelle il sera difficile de faire l'économie de la réponse. En effet, dans l'hypothèse où ce discours arrivera à prospérer, cette logique ne conduirait-elle pas en définitive à l'allumage d'autres irrédentismes de la part des autres minorités dominées dessinant ainsi une chaîne d'éclatements à l'infini dans le pays ou du moins au niveau d'autres marges ethniques?

Par ailleurs, c'est cette brèche que l'État semble vouloir exploiter. En effet, comme pour ramollir le sentiment d'appartenance à l'entité géographique casamançaise en tant que base de revendication, il active le levier ethnique. Ainsi, pour réduire le rayon d'influence de l'ethnie diola, l'Etat invoque des 'régions ethniques' qui semblent suivre les clivages ethniques mais avec une conception culturaliste de l'ethnicité, qui voudrait lui ôter toute charge politique. Ainsi, par le biais des découpages administratifs, eut lieu d'abord la subdivision de la région de Casamance en deux régions Ziguinchor (fief Diola) et Kolda (fief peulh) dès juillet 1984 et ensuite, une autre subdivision régionalisant le Sédhiou (fief mandingue), ancienne capitale de la région. Si cette stratégie fonctionne dans son but de fragiliser les velléités irrédentistes ou du moins leur spectre d'influence, cette sorte de 'résidualisation des Diola' par des pouvoirs publics ne va-t-elle pas conduire à une radicalisation accrue du sentiment identitaire diola dans la petite portion dans laquelle les Diola sont 'isolés'.

Toutefois, alors que la gestion de l'espace se positionne comme enjeu des rapports de force entre les 'entrepreneurs politiques dans la région, le sentiment de traitement inégal par les pouvoirs publics, imaginaire ou réel, a créé une distanciation par rapport aux institutions de l'État. De ce fait, la spécificité de la région devient visible dans les rapports avec l'administratif. Dans le comportement des populations, notamment à Oussouye, tout porte à croire que l'individu préfère être 'sujet de son Royaume'.que 'citoyen de son État' et 'usager de son administration' d'où il se considère exclu. Mr Sylla, un ancien fonctionnaire résidant à Oussouye explique: 'Quand les gens se réveillent, ils se demandent s'ils n'ont pas enfreint les règles de la royauté, ils ne connaissent pas l'administration. Les préfets étaient là pour ceux qui étaient à l'école. Après la colonisation cela s'est traduit par le rejet de l'administration. C'est maintenant, quand on a commencé à avoir des préfets diola, que l'on commence à voir la préfecture comme quelque chose de sérieux. Même avec cela, on ne va voir l'administration que pour régler les problèmes de papier et pour la gestion de certains conflits car le système traditionnel est très performant'. C'est ainsi que l'administration, à Oussouye comme un peu partout en Casamance, vient après la famille et parfois, après la communauté qui s'imposent par l'intermédiaire de la présence symbolique de l'institution royale et des fétiches.

Même dans les zones où les institutions et pratiques traditionnelles avaient connu un recul, il y a une sorte de retour aux sources qui semblent les seules à même d'assurer l'équilibre des arrimages sociaux. L'exemple du village de Soutou dans le terroir du Yamakeuy[21] est illustratif. Sous l'influence de l'Eglise, ce village très christianisé avait choisi de renoncer à la grande cérémonie de passage à l'âge adulte dite 'Bukut'. En 2010, 40 ans après, le village est revenu sur cette décision mettant les populations de ce village sur le chemin des retrouvailles avec leurs sentiments d'origine propre, après avoir essuyé le reproche de déracinement par les villages environnants. Cette marginalisation était telle que les villageois trouvaient une certaine fierté à appeler leur village 'Petit Paris'. Le vil-

---

[21] Localité située dans l'arrondissement de Tenghori dans le département de Bignona.

lage était perçu comme étant le plus 'occidentalisé' des environs. Ce phénomène de retour a été vécu aussi par une partie du village de Dianki dans le Boulouf. En effet dans ce village une partie de la population musulmane avait abandonné le 'bukut' depuis 30 ans avant d'effectuer un retour en arrière l'année dernière.

Aujourd'hui, dans ces localités, les autochtones demandent rarement un appui ou un service à l'administration, contrairement aux autres régions comme les grands centres urbains, notamment à Dakar ou à Saint-Louis, où s'est ancrée une véritable culture administrative. En fait, 'la gestion de la région de la Casamance par une administration qui a été perçue comme étrangère et dominée par les Wolof, et de plus comme autoritaire et corrompue, a été rejetée avec une acrimonie croissante' (Cruise O'Brien 1992: 14). Ce sentiment est l'une des causes explicitement mentionnée comme étant à l'origine du conflit casamançais. Le comportement des agents de l'administration a été très tôt mis en cause par les populations locales qui critiquaient fortement les abus perpétrés par les fonctionnaires qui le plus souvent étaient originaires du nord.

De cette situation naît un langage inintelligible entre l'administration et le paysan casamançais, faisant apparaître chez ce dernier un sentiment de marginalisation par l'administration centrale reproduit au niveau local du fait par les fonctionnaires. Ainsi, une telle administration a été perçue le plus souvent dans sa version répressive et dans sa position d'étrangeté. Sous ce rapport, l'usage de l'expression wolof 'Yama Togn', qui veut dire 'c'est toi qui m'as causé du tort' pour désigner la police de la ville de Ziguinchor, majoritairement composée de Diola, pourrait rendre compte non seulement de la prégnance d'un répertoire linguistique principalement centré sur le wolof (Freyfus et Julliard 2005: 93; Julliard 2005) mais aussi, d'une certaine façon, de l'identification de l'administration à l'ethnie dominante du pays.

Mais toujours est-il que ce sentiment de 'mise entre parenthèses' reste plus prononcé dans les campagnes que dans les villes casamançaises. En effet, sans aller jusqu'à dire qu'il y aurait une insensibilité des citadins aux problèmes identitaires et de marginalisation, on note que la possibilité qu'ils ont d'être souvent en contact avec les autres régions – d'autant plus qu'une partie importante des citadins, notamment les commerçants et les fonctionnaires, est originaire de ces régions – et leur relative mobilité conduisent à une relativisation plus accrue des problèmes d'exclusion.

Toutefois, que l'on se situe en ville ou dans le milieu rural, la nécessité de connexion mise en perspective par rapport au désenclavement de la région reste importante. Aller et venir est un besoin crucial; dans le langage du droit, on parlera en termes de libertés garanties par les constitutions. Du point de vue sociologique, on évoque davantage la notion de 'mobilité'. Jouir de ce droit ou

Photo 2.2   Des voyageurs quittant la Casamance pour se rendre dans d'autres régions
            du pays attendent des heures le bac à Farenni pour traverser le fleuve en
            territoire Gambien

tout simplement exercer une mobilité est davantage problématique pour les zones marginales comme la Casamance. Cette mobilité passe de plus en plus par le biais des infrastructures de communication et d'information.

Ce que les gens pensent: 'La nécessité de connexion'

En Casamance, les technologies de communication sont parmi les outils qui pourraient permettre la satisfaction de ce besoin de connexion. Les jeunes semblent davantage l'assumer. Ils expliquent souvent qu'avec les technologies, même le rituel traditionnel du '*bouting bouleet*' est devenu moins contraignant pour eux. En effet, ce rituel est une décision interdisant de sortir qui s'applique à tous les villageois d'Oussouye durant les périodes de libations faites au nom de la religion traditionnelle. Un jeune d'Oussouye explique que la diversification des moyens de communication et d'information l'aide à mieux supporter ces moments frappés d'interdiction d'aller et de venir, car il peut circuler avec sa moto même la veille du '*bouting bouleet*' pour régler ses problèmes à Ziguinchor, d'autant plus que la route a été réfectionnée. Par ailleurs, il peut continuer à communiquer avec les gens dans les villages environnants ou dans les autres villes du pays avec son téléphone portable. Pour lui, cette possibilité offerte par les technologies de l'information de rester connecté même durant les restrictions imposées par sa religion traditionnelle est une fenêtre ouverte essentielle qui réduit son sentiment d'isolement.

Pourtant, il peut paraître difficile de dire que les infrastructures de communication sont toujours importantes pour certaines populations casamançaises car il arrive que 'des travaux de construction de routes par l'État soient refusés dans certains villages. Les villageois s'opposent parfois radicalement à ce que les routes passent par leurs villages, refusant toute négociation avec les agents de l'État. Dans certains cas, il a fallu l'intervention du roi d'Oussouye pour régler les problèmes, sans aucune implication des agents de l'État. Ceux-ci n'ont même pas été invités à assister aux débats de conciliation des villageois organisés avec la consultation du roi supérieur qui se trouve en Guinée-Bissau'.[22] En réalité, le problème est plus à rattacher au malaise que cette société qualifiée d'a-étatique, sinon d'anti-étatique, par Dominique Darbon (1984) éprouve face à l'administration car on y refuse la construction des routes, comme on y refuse de payer l'impôt, parfois même sous l'injonction des forces indépendantistes.

L'importance des infrastructures routières est cependant bien avérée pour les populations. En guise d'exemple, dans le village de Nyassia, du fait d'un nombre d'accidents un peu élevé, les jeunes reprochèrent, à une époque, aux anciens d'avoir posé des filets mystiques leur interdisant de 'prendre la route' pour se rendre dans d'autres contrées, notamment dans les villes du Nord. Pour résoudre le problème, on alla jusqu'à appeler un marabout musulman pour 'démystifier la route'. La route symbolise par son ouverture la réussite avec la possibilité donnée aux jeunes d'aller à la rencontre d'autres horizons plus avantageux. Au-delà du caractère anecdotique de la situation et du conflit de générations apparent, elle rend compte de façon symbolique de l'importance de l'accès aux voies de communication pour les terroirs de la Casamance.

En effet, comme, on l'a souligné précédemment, l'un des plus grands problèmes des localités de la région de Casamance est l'enclavement externe. Cette situation rend compliquées les interactions avec le reste du pays et exacerbe le sentiment de mise à l'écart. Sous ce rapport, l'intégration plus effective dans la construction d'une nation unifiée passerait par un désenclavement de la région. Jusqu'aux années 1950, seule la voie maritime était praticable pour se rendre en Casamance en longeant le rivage de l'océan Atlantique par bateau. De nos jours, il y a trois axes principaux pour rejoindre la capitale régionale soit par la voie terrestre: L'axe Tambacounda – Vélingara (distance trop longue, 876 km), l'axe passant par la capitale gambienne par l'ouest (itinéraire compliqué par la largeur du fleuve et les tracasseries douanières, avec une priorité pour les ressortissants

---

[22] Entretien avec A. Diallo, 7 septembre 2010, Ziguinchor.

de la Gambie), et enfin la voie.'transgambienne', la plus fréquentée, qui a été créée en 1957 pour faciliter les liaisons entre Dakar et la région. La quasi-totalité de ces circuits souffre de la mauvaise qualité des infrastructures, à laquelle s'ajoutent des facteurs tels qu'une organisation plus compliquée des trajets et des tracasseries par les agents de police ou de la douane. Comme en témoigne ce membre d'un comité transfrontalier:

> Le passage de la frontière gambienne pour aller dans les autres régions du Sénégal par voie terrestre est devenu plus compliqué. Avant on avait deux escales: On quittait la Casamance, on avait une escale au niveau de Banjul (Gambie) pour la traversée du fleuve par bac et après on s'arrêtait au niveau de Koun seulement pour ensuite rejoindre Dakar (Sénégal) ou les autres régions. Le trajet devient Ziguinchor-Seleti-Brikana-Banjul-Koun-Hamdalalai-Karakana-Dakar ou les autres régions (Kaolack, Saint-Louis etc.) avec de possibles arrêts des véhicules à chacune des stations. Ce qui donne six arrêts minimum avant de rejoindre le reste du pays. Et quant à la transgambienne, il y a toujours les problèmes de bac pour la traversée du fleuve car, des fois, on peut passer plusieurs nuits sans traverser, en plus des incessantes tracasseries policières.[23]

Cette situation limite fortement les interactions entre le centre et la région, augmentant les frustrations des populations qui ressentent les déplacements comme une corvée très pénible. L'autre alternative a été le bateau, le Diola qui après avoir sombré a laissé un traumatisme chez beaucoup de Casamançais. En effet, en 2002, ce ferry mis en service en 1990 sombre au large des côtes gambiennes, faisant près de deux mille morts. Les pouvoirs publics sont considérés comme largement responsables de ce naufrage. Après cette catastrophe, l'accès à la région était devenu plus difficile. Aujourd'hui, un autre bateau, l' 'Aline Sitoe Diatta' assure la desserte de la région. M. Gomis, une septuagénaire vivant à Santhiaba, qui a une partie de sa famille à Dakar, limite ses déplacements au strict minimum. De temps à autre, elle confectionne des paquets de cadeaux et de vivres pour les envoyer aux membres de sa famille de Dakar par le bateau qui quitte Ziguinchor chaque mercredi et dimanche. Elle, qui a perdu sa fille lors du naufrage du bateau 'Le Diola', préfère prendre le bateau lors de ces déplacements plutôt que la route. A ce titre, elle se veut rassurante et confie: 'il faut être une bonne croyante pour prendre le bateau après ce qui s'est passé. Les complications liées au voyage par la route font que, vu mon âge, je préfère prendre le bateau'.[24] Elle dit beaucoup apprécier la possibilité qu'elle a de pouvoir parler à ses enfants qui sont à Dakar pour des raisons professionnelles et qui ont désormais leurs enfants.avec lesquels elle voudrait maintenir des liens forts. Elle leur parle au téléphone au quotidien et a la possibilité de discuter avec ses petits-enfants, qui dit-elle, l'appellent maintenant sur propre portable.

En effet, ce que les technologies comme les téléphones et les radios apportent avant tout aux populations, c'est le recul du sentiment d'isolement, au moins

---

[23] Entretien avec Paul Habib, 22 mai 2010, Diouloulou.
[24] Entretien avec M. Gomis, 06 janvier 2010, Ziguinchor.

dans les relations familiales. Les jeunes en sont les plus enthousiastes. Une jeune étudiante confie 'j'ai ma famille qui se trouve à Dakar et bien que je sois à Ziguinchor, la distance ne se fait pas sentir avec l'Internet et surtout les téléphones portables'.[25] Dans le même sillage, Mme Geneviève explique qu'elle acquiert plus d'autonomie en tant que femme grâce aux changements opérés par la radio culturelle Kabisseu d'Oussouye et se sent plus concernée par ce qui se passe au niveau national avec la possibilité qu'elle a de régler par téléphone les problèmes de la coopérative de femmes qu'elle gère. Elle discute avec les représentants de l'État et des ONG qui ont la charge d'aider leur groupement. Elle ajoute qu'il y a une relation plus directe entre les femmes et le gouvernement par le biais de la fédération des femmes à Oussouye qui a une structure d'aide qui investit dans les semences. Elle estime qu'un outil comme le téléphone apporte des changements. Les problèmes de la famille et du village sont rapportés aux enfants dans des délais réduits, ce qui.insère aussi ceux-ci davantage dans le réseau social d'origine même s'ils sont hors de la région. D'un autre côté, dans le contexte conflictuel qui caractérise la Casamance, il est devenu plus facile de suivre l'évolution du conflit grâce à ces technologies. En effet, la collecte et la vérification des informations se fait avec une telle rapidité, grâce aux téléphones portables, que les populations ont le sentiment de vivre en direct des incidents qui se déroulent dans des zones difficiles d'accès. Selon certains acteurs impliqués dans le processus de paix, le téléphone portable a rendu possible l'accès direct avec les membres de toutes les factions combattantes du mouvement indépendantiste. De leur côté, ayant compris l'intérêt des portables, ces derniers ont des puces pour l'accès aux réseaux sénégalais, gambiens et bissau-guinéens.

Par ailleurs, les technologies de l'information permettent une interconnexion entre les populations de la région et celles qui se trouvent à l'extérieur, et cette possibilité est d'une importance capitale pour une zone qui a connu une forte migration de ces ressortissants du fait de l'insécurité et de la crise économique générée par le conflit. Dans le même sillage, la 'communicabilité' qu'elles assurent facilite les rapports des autochtones avec le reste du pays. L'État qui cherche encore le moyen de capturer 'ces marges rebelles' dans son maillage sociopolitique ne semble pas perdre de vue cette réalité.

Ce que le gouvernement fait: 'Le discours des infrastructures'

Si la marginalité est fortement liée à l'enclavement, les pouvoirs publics sont les premiers acteurs qui peuvent apporter le désenclavement. Ce désenclavement est certes une action économique mais aussi une action politique qui vise la rupture de l'isolement matériel et mental en vue de l'intégration au projet national. Au

---

[25.] Entretien avec P. Bassene, 05 avril 2010, Ziguingor.

regard de l'attraction que les pays riverains exercent sur la région, notamment la Gambie sur une partie du Bignona, le désenclavement est un enjeu de pouvoir majeur.

Ce qui fait que l'importance des infrastructures communicationnelles qui peuvent être des facteurs de réduction de l'isolement semble être prise en compte par l'administration qui va jusqu'à la traduire par une forme d'interactions symboliques entre elle et les citoyens. Aujourd'hui, semble s'imposer un 'langage des infrastructures' de la part des autorités dirigeantes qui ont lancé un vaste projet de reconstruction des voies de communication notamment dans la ville de Ziguinchor. Le problème se pose, certes, dans des termes différents à l'intérieur d'une ville et à l'extérieur de celle-ci, mais l'impact est quasi similaire. En fait, le développement des infrastructures à l'intérieur de Ziguinchor ne saurait réduire l'enclavement, mais il rend compte du discours orienté vers les infrastructures et réduit, au moins de façon symbolique, le sentiment de marginalité chez une partie de la population. En effet, il n'est pas rare d'entendre certains dire qu'avec l'aménagement des axes routiers et les travaux de canalisations de la ville, ils se sentent de plus en plus comme dans les 'grandes villes'. L'équipe municipale dont le maire se réclame de la 'génération du concret' est en train de bétonner les artères de la ville et de construire des monuments dont celui au nom de Aline Sitoe Diatta, perpétuant ainsi l'option gouvernementale pour le développement des infrastructures déjà de mise à l'échelle nationale.

Mais bien plus tôt déjà, le souci de mettre sur place des infrastructures qui réduisent l'enclavement était à l'ordre du jour. Depuis l'organisation à Ziguinchor de la 18ème Coupe d'Afrique des nations de football en 1992, que certains ont analysée comme une stratégie dans le but de revigorer le sentiment national dans la région, celle-ci est assez bien couverte sur le plan télévisuel. Elle dispose aussi des antennes de l'ensemble des chaînes radiophoniques représentatives du pays avec notamment ses cinq stations. Concernant la radio, son implication n'a pas été assez prononcée dans le conflit, mais l'usage des outils comme les cassettes ont vite été de mise pour les indépendantistes. Elles ont servi d'instrument de propagande au mouvement indépendantiste car on révèle que, dans l'impossibilité d'émettre sur des ondes majoritairement contrôlées par l'Etat, les enregistrements sur cassettes ont été les premiers outils utilisés par les leaders pour échanger avec leurs partenaires dans la sous-région mais aussi pour propager dans les villages la nécessité du soutien du mouvement. Pourtant, aujourd'hui, dans la déconstruction de ce qu'on peut appeler les 'imaginaires communautaires', les radios, premiers outils de la 'révolution passive' en ce sens qu'elles ont pu s'intégrer facilement dans les sociétés africaines de tradition orale, jouent un rôle dans la construction d'une praxis démocratique. Ainsi, dans la région naturelle de la Casamance, bien qu'on note une faiblesse de la formation du personnel, les

radios jouent un rôle dans la réduction de l'idée d'une marginalité dans les imaginaires.[26] Elles sont même impliquées dans l'éducation sur la citoyenneté. Ainsi,
les radios communautaires s'intéressent à la sensibilisation sur la gouvernance
démocratique notamment avec les programmes transversaux 'Bonne gouvernance' et 'Fréquence paix'. C'est dans ce sens que Kabisseu Fm, dans le département d'Oussouye, s'était lancée dans la sensibilisation sur les élections avec le
concours de la Commission Électorale Départementale Autonome (CEDA) qui
est une structure de supervision et d'arbitrage des élections. A travers ses ondes,
comme dans toutes les radios communautaires du Réseau RC/PDC, la CEDA
éclairait sur les enjeux autour de l'acte de vote et du scrutin dans les collectivités
locales, de même que sur les enjeux électoraux au niveau national durant les législatives et la présidentielle dans une zone où jadis on pouvait rencontrer les stig-
mates de l'incivisme tels que le refus de l'impôt et de toute obligation fiscale,
souvent orchestré par les combattants du mouvement indépendantiste. Cette sensibilisation, qui portait aussi sur le retrait des cartes d'électeur et sur l'enjeu civi-
que du vote a influencé la participation au scrutin pour les dernières élections de
mars 2009 dans certaines collectivités locales, notamment dans des bastions de la
rébellion. C'est le cas dans la communauté rurale de Sindian, qui a connu dans
certaines de ses localités le boycott décrété lors des élections de 2003 par le
mouvement indépendantiste. Dans certaines localités du Sud, les radios communautaires participent à la formation d'un espace public critique grâce à une forte
conscientisation sur la décentralisation à travers des programmes qui reviennent
largement sur les obligations des élus par rapport à leurs mandants. Elles sont
censées participer ainsi à l'amélioration des conditions d'apprentissage social et
politique, tout en jouant un rôle déterminant dans le renforcement et la consolidation de la paix, ou du moins en offrir l'illusion dans les zones de conflits, très
souvent marquées par une absence de communication et d'échange d'avis diver-
gents sur des questions de pouvoir et notamment celui en crise. Bien que, dans
leur discours, les radios communautaires s'inscrivent dans une démarche clairement politique de légitimation du processus de paix gouvernemental, augurant
ainsi d'une possible instrumentalisation, cependant leur intérêt au plan social est
assez important.

Le réseau de la téléphonie cellulaire s'y développe tandis que les autres
moyens de télécommunication comme le fax, le télex, Internet restent encore un
privilège des services administratifs, même si les implantations résidentielles
pour l'Internet sont en hausse. Si la région n'échappe pas à la chute générale de
la téléphonie fixe dans l'ensemble du pays, les cabines téléphoniques privées,
communément appelées télécentres, restent – quoique de moins en moins – pré-

---

[26] Ceci m'empêche pas qu'elles sont aussi dévalorisées par leur caractère ludique, leur participation à
l'apparition de 'nouveaux puissants' qui très vite deviennent les 'clients' des politiciens, etc.

sentes surtout dans les zones urbaines. L'internet s'y popularise surtout avec le phénomène des cybercafés, mais aussi au niveau des écoles et de l'administration, tandis que d'importants programmes de téléphonie rurale, d'extension du réseau fixe, du réseau GSM, de réhabilitation du bureau de poste, de l'installation d'un réseau intranet par le Conseil régional, sont en cours.

En définitive, les technologies modernes de communication, dans leur diversité, permettent ainsi une plus grande inclusion dans le système dominant par la densification des échanges et la transmission des valeurs qui vont à la longue permettre l'acceptation des autres et des modèles 'étrangers' surtout quand 'l'externe est notre intérieur'. Mieux, la connexion des 'marges' sur l'extérieur notamment avec des moyens de communication à distance pourrait renforcer l'intégration et aussi permettre une ouverture sur d'autres horizons, des réalités autres que nationales mais dont certaines peuvent en retour les intégrer dans un espace national, ne serait-ce que pour en changer la donne.

Conclusion

Dans la scène décrite dans l'introduction à nos propos, le gouverneur de la région prend au sérieux la nécessité d'assurer un déplacement des populations vers 'Touba'. Ses téléphones qui sonnent tous en même temps rendent compte de l'ampleur des sollicitations. Ce qui se comprend quand on sait l'obéissance du politique au religieux mais surtout le lien entre la communauté mouride et le pouvoir au Sénégal. Le défi du gouverneur n'est pas seulement lié à la facilitation des transports des populations vers leur lieu de pèlerinage. Cette charge, il la partage avec tous les autres administrateurs sénégalais, avec la particularité qu'il se doit aussi d'assurer la sécurité des déplacements dans une zone où les braquages par des bandes armés sont devenus monnaie courante à cause du conflit. A l'origine de ce défi qui lui est quasi quotidien, se situe le conflit dont les causes supposées sont liées à une marginalité découlant d'une coupure physique et mentale que les technologies de communication et d'information pourraient participer à amoindrir.

On n'ira pas jusqu'à dire que la construction de sentiments identitaires communs passe uniquement par la mise en place d'infrastructures prétendant combler le fosse entre le centre et les périphéries. Tout comme on ne saurait conclure sur l'idée que l'urbanisation, par la mise en place des infrastructures, désamorce forcément le problème de l'altérité, cependant il reste que la possibilité d'amélioration des contacts qu'offrent les technologies de l'information et de la communication réduit considérablement le sentiment d'isolement et de coupure physique et, par conséquent de celle, mentale, que 'ressentent' les Bas-Casamançais. Le fait qu'au fil du temps la région ait été dotée de moyens de télécommunications et de communication a réduit sa 'non-connexion' au reste du pays, et ces acquis pourront être à long terme de vrais atouts pour la réduction du sentiment de marginalité. Mais pour que cette idée devienne réelle, il faut que 'le discours sur les infrastructures' se traduise en actes concrets et devienne une réalité.

Bibliographie

BAILLY, A.S. (1995), 'La marginalité, une approche historique et epistémologique', *Anales de Geografía de la Universidad Complutense* 15: 109-117.

BALANS, J.-L., C. COULON & J.-M. GASTELLU (1975), *Autonomie locale et intégration nationale au Sénégal*. Paris: Pedone.

BARRY, B. (2005), 'Histoire et perception des frontières en Afrique aux XIXe et XXe siècles: Les problèmes de l'intégration Africaine'. In: UNESCO, *Des Frontières en Afrique du XIIe au XXe siècle*. Paris: UNESCO: 55-72.

BERNIER, J. (1976), 'La formation territoriale du Sénégal', *Cahiers de Géographie du Québec* 20(51): 447-477.

CHARPY, J. (1993), 'La Casamance et le Sénégal au temps de la colonisation Française'. In: F.G. Barbier-Wessier (dir.), *Comprendre la Casamance. Chronique d'une Intégration Contrastée*. Paris, Khartala: 475-500.

CHENEAU-LOQUAY, A. (2006), 'Du global au local: Quelles solutions, Quels enjeux pour connecter l'Afrique?', *Cadernos de Estudos Africanos* 11/12: 177-198.

COULON, C. (1999), 'The Grand Magal in Touba: A religious festival of the Mouride brotherhood of Senegal', *African Affairs* 98(1): 195-210.

CRUISE O'BRIEN, D. (2003), 'Les négociations du contrat social Sénégalais: Paul Marty, Initiateur du contrat, et ses disciples (...)'. In: D. Cruise O'Brien, M.C. Diop & M. Diouf, *La Construction de l'État au Sénégal*. Paris: Karthala: 84-93.

CRUISE O'BRIEN, D. (1992), 'Le contrat social Sénégalais à l'epreuve', *Politique Africaine* 45: 9-20.

DARBON, D. (1984), 'Le culturalisme Bas-Casamançais', *Politique Africaine* 14: 125-128.

DARBON, D. (1988), *L'administration et le Paysan en Casamance: Essai d'anthropologie administrative*. Paris: Pedone.

DARBON, D. (2004), 'Symbolic confrontations: Muslims imagining the state in Africa', *Critique Internationale* 2003/4(24): 205-209.

DE JONG, F. (2005), 'A joking nation: Conflict tesolution in Senegal', *Canadian Journal of African Studies* 39(2): 389-413.

DIAMACOUNE, A. (1995) *Casamance: Pays du refus réponse à monsieur Jacques Charpy*. Ziguinchor: MIMEO.

DIENG, M. (2008), 'Réseaux et systèmes de télécommunications dans une région périphérique du Sénégal: Ziguinchor en Casamance', Thèse pour le Doctorat en Géographie à l'Université Michel de Montaigne, Bordeaux III.

DIOUF, M. (2001), *Une histoire du Sénégal: Le Modèle Islamo-Wolof et ses périphéries*. Paris: Maisonneuve & Larose.

FAYE, O. (1994), 'La crise Casamançaise et les relations du Sénégal avec la Gambie et la Guinée Bissau (1980-1990)'. In: M.C. Diop (dir.), *Le Sénégal et ses Voisins*. Dakar: Sociétés-Espaces-Temps.

FELON, F. (1996), *La maritimité aujourd'hui*. Paris: L'Harmattan.

FREYFUS, M. & C. JULLIARD (2005), *Le plurilinguisme au Sénégal: Langues et identités en devenir*. Paris: Karthala.

GHELLAR, S. (2002), 'Pluralisme ou Jacobinisme, Quelle démocratie pour le Sénégal?' In: M.C. Diop (dir.), *Le Sénégal contemporain*. Paris: L'Harmattan: 507- 526.

HESSELING, G. (1994), 'La terre, à qui est-elle? Les pratiques foncières en Basse Casamance'. In: F.G. Barbier-Wessier (dir.), *Comprendre la Casamance. Chronique d'une Intégration Contrastée*. Paris: Khartala, pp. 243-262.

HUGHES, A. (1994), 'L'effondrement de la confédération de la Sénégambie'. In M.-C. Diop (dir.), *Le Sénégal et ses voisins*. Dakar: Sociétés-Espaces-Temps: 33-59.

JOHNSON, G.W. (1991), *Naissance du Sénégal contemporain: Aux origines de la vie politique moderne: 1900-1920*. Paris: Karthala.

JULLIARD, C. (2005), 'Plurilinguisme et variation sociolinguistique à Ziguinchor (Sénégal)', *Bulletin VALS-ASLA* (Association suisse de linguistique appliquée) 82: 117-132.

MARUT, J.C. (2002), 'Le problème Casamançais est-il soluble dans l'état-nation?'. In M.C. Diop (dir.), *Le Sénégal Contemporain*. Paris: Karthala: 425-458.

MARUT, J.C. (2010), *Le conflit de Casamance. Ce que disent les armes*. Paris: Karthala.

SALL, E. (1992), *Sénégambie: Territoires, frontières, espaces et réseaux sociaux*. Bordeaux: Centre d'Etudes d'Afrique Noire.

SCROFERNEKER, C.M.A. (2004), 'Qu'est-ce que la 'communication organisationnelle' dans un pays de contact?', *Sociétés* 83(1): 19-88.

SENGHOR, J.C. (2008) *The politics of Senegambian integration, 1958-1994*. Bern: Peter Lang.

THOMAS, L.V. (1994), 'Les Joola d'Antan. A propos des Joola 'traditionnels' de Basse Casamance'. In: F.G. Barbier-Wessier (dir.), *Comprendre la Casamance. Chronique d'une Intégration Contrastée*. Paris: Khartala: 71-95.

TOMAS, J. (2005) 'La parole de paix n'a Jamais Tort. La paix et la tradition dans le royaume d'Oussouye (Casamance, Sénégal), *Revue Canadienne des Études Africaines* 39(2): 414-441.

3

'Angola my country, Cape Town my home'. A young migrant's journey of social becoming and belonging

Imke Gooskens

Abstract

This chapter is inspired by the life story of Inoque, a young man born in Luanda, Angola who came to South Africa as a refugee and is now living in three places in two countries at the same time. On his path to creating a better future for himself, he moves between Angola and South Africa and the meanings they have for him on a regular basis. In many respects, young Angolans living in South Africa are marginalized, as their access to education, work and citizenship is severely limited. At the same time, these young migrants may have advantages over their age-mates both in South Africa and Angola who have not moved: Their experience of mobility and 'ability to aspire' help them to expand their opportunities. By looking at the ways in which a young person has navigated a complicated reality in the first two decades of his life and negotiated the labels imposed on him, Inoque's story is given as an example of a current generation of refugees and migrants who are growing up in an era of new communication technologies. These young people's practices, dreams, expectations and strategies offer an understanding of the experiences of refugees and migrants who belong to more than one place simultaneously, a growing way of being in a world that is more connected than ever before.

Introduction

This chapter is inspired by the life story of Inoque, a young man who was born in Luanda, Angola and who is now living in three places in two countries at the same time. On his path to creating a better future for himself, he moves between these places and the meanings they have for him on a regular basis. Inoque is part of a group of young refugees living in Cape Town, South Africa who I have been working with for the last eight years.[1] They are growing up in the proverbial

---

[1] I have been mentoring a group of up to twelve young people from Rwanda, DRC and Angola since 2003. What started as a discussion group grew into a support, advocacy and media-production collec-

'tight corner' (Lonsdale 2000) as refugees, foreigners and young people in South Africa. I have often been struck by their particular ability to negotiate structural disadvantages related to age, gender, race and other social identities within the daily settings of family, friends, school and work, as well as those imposed by the global politics of nationality and citizenship.

The time of 'growing up' is in many ways a period when norms and expectations are aspired to and contested, endorsed and opposed, as young people test, push, maintain and create social and cultural boundaries and connections in different ways, trying to follow their aspirations. As Henrik Vigh (2006) has put it, young people's efforts to move along a process of social becoming and an expected and desired life trajectory 'illuminate the way youth is lived and constructed as both *position* and *process*; both *being* and *becoming*' (*ibid*: 35). It is these positions and processes that are of interest regarding the experiences of young refugees and migrants,[2] and Inoque's life story is presented as a way of discussing some of my findings. The ways in which young people in positions such as Inoque continually imagine and mobilize identities and connections show how aspirations, hope and an orientation to the future are crucial elements in the redefinition of a mobile identity and a possible way out of a marginal position. These young people's aspirations appear to be a strong element in their ability to navigate their social environment and vice versa, as their navigational abilities feed their capacity to aspire (Appadurai 2004).

The first section of this chapter sketches a picture of two events that have shaped life in Cape Town for African refugees and migrants more generally, as this is the main setting of this research and the context of the lives of many of the respondents. Inoque's life history is then presented to illustrate the complexities and contradictions of identity, mobility and belonging, after which the ways that in this case young Angolans 'belong' and 'connect' both in and between Angola and Cape Town are discussed. The chapter ends with some concluding notes and possible points of connection with academic knowledge as well as policy issues related to a relatively new generation of refugees.

---

tive called YAM: Young Africa Media. Over the years, members have taken part in media projects in journalism, photography, radio, poetry and film, and are themselves now mentoring refugee teenagers living in a children's home. They are now aged between 19 and 26.

[2] I group the categories 'migrants' and 'refugees' together as in my research the distinction has not been helpful; in practice many refugees could be classified economic or other kinds of migrants, and vice versa; I have yet to find a satisfactory way to indicate this. Furthermore, the South African policy of self settlement for asylum seekers and refugees means these young people participate in society as many other migrants do.

To be an African in South Africa: Marginality and solidarity

Since I started working with young refugees in 2003, two significant events have occurred in South Africa: The much publicized outbreak of xenophobic violence in May 2008 and the equally well publicized FIFA World Cup in June 2010. Both events had a major impact on the lives of refugees and their perceptions of South Africa as their home. In May 2008, the wave of violent attacks on mostly foreign Africans living in townships left more than 60 people dead and tens of thousands of foreigners displaced, literally expelled as *makwerekwere*[3] to refugee camps on the margins of society. People were shocked to realize the extent of xenophobic tendencies in many spheres of South African government politics and in the wider society. These events had deep personal resonance for young people, such as Inoque, who had grown up amongst their South African peers and were now being plainly confronted with their 'difference'. On the other hand, the 2010 World Cup was hailed by most as an opportunity for South African nation-building as well as a positive event for the encouragement of pan-African unity, and was reason to celebrate people's pride in their African identities. Many in South Africa and around the world were taken in by the FIFA-driven promotions, political slogans and corporate advertisements celebrating unity on the African continent. The majority of the people I spoke to during the World Cup, including my respondents, supported 'South Africa and all the African teams', reiterating a pan-African identity and pride, much as many advertising agencies, media outlets and government officials were doing. But at the same time as rejoicing in the 'African Spirit' in front of our TVs, in well-secured FIFA fan parks and on the streets of major cities, rumours and threats of organized attacks against foreigners after the end of the World Cup were emerging and a tenacious resistance by many South African citizens against solidarity with other Africans in their midst became apparent once again. Stories of people's personal experiences as well as media reports of these threats spread rapidly, and hundreds of Africans started leaving the country before the tournament even began. For some time after the closing ceremony, many people lay low 'just in case'. The police and even the military were mobilised to crush any signs of violence as various reports of violence against foreigners popped up as soon as Bafana Bafana[4] was defeated in the first round. In one newspaper article[5] on violence in Dunoon, a township in the Western Cape, the attackers were reportedly wearing their Bafana shirts whilst trying to chase Somalis from their neighbourhood. Despite South Africans' support for Ghana as the last African team still

---

[3] A derogatory term for foreign Africans.
[4] Bafana Bafana is the name of the South African national soccer team.
[5] Gcina Ntsaluba, 'High Noon in Dunoon', *Mail and Guardian*, 2 July 2010.

standing, for many the 'African spirit' seemed over as soon as Bafana Bafana lost.

At the same time, there has been a growing counter-movement in civil society, as the 2008 attacks and subsequent events have created more openness in discussing xenophobia and its possible causes. There have been initiatives by local and foreign residents to raise awareness and protest against xenophobia and discrimination, as well as spontaneous demonstrations of solidarity with foreigners. In the above-mentioned attacks in Dunoon, for example, it was reported that the attackers were in part unsuccessful as members of the community rallied together to protect the Somalis, and many were on record as saying that they did not support any kind of violence against foreigners. This solidarity among citizens constitutes a marked change from the passive bystanders that were seen during the spate of violence in May 2008. However, the steadfast refusal by the government to publicly discuss xenophobia, the restrictive immigration laws that curb the possibility of attaining permanent residency and acceptance into mainstream society, and the many experiences of hostile attitudes towards 'foreigners' limit any feelings of belonging or connection to South Africa and South Africans. Despite stories of acceptance, neighbourliness or what Sichone (2008) terms 'xenophilia', this negativity towards their presence continues to colour the atmosphere for the majority of foreign Africans living in South Africa. The extreme violence of May 2008 was a turning point for a lot of people's levels of trust, and the measures taken by many have been to disengage emotionally, move out of townships wherever possible or ultimately to leave the country. In this process, much of the integration into and connection to host communities has been undone and immigrants are talking more negatively about South Africans, stereotyping them as being violent, unfriendly and lazy, and will often avoid making 'real' contact.

There are, of course, many people who do find connections and are able to find a home in South Africa, and Inoque seems to be one of them. Generation plays a part, as those who are now in their teens and twenties have largely grown up in South Africa and have a very different relationship with the country than the older generation. It is the only home they know, they have often felt connected to South Africans through friendships at school or in their neighbourhood, and some say they experience more tolerance and interest in foreigners now than when they first came to South Africa. This seems to differ according to neighbourhood: Those living in the townships tend to have more experiences of personal discrimination and exclusion than those in more affluent and usually more mixed neighbourhoods, such as Inoque. However, despite their own strong 'pan-African' ideology, their wish to feel included in South African society and, in some cases, good relationships with South African peers, many respondents feel a sense of conflict when it comes to trusting South Africans in general and they are unsure of their future in the country. In practical terms, young people's marginal legal status as refugees expresses itself most obviously in exclusion from numerous educational and funding opportunities, difficulties in entering the job market and accessing services. Even though refugees and immigrants have a legal right to the same social services as South African citizens, not having 'the green ID' severely limits their movements, both in a physical and social sense. Young people have told me of their embarrassment at having to pull out their A4 piece of paper to demonstrate their refugee status: It instantly labels them, invariably needs explanation and often leads to rejection. Many report regular experiences of direct or indirect discrimination by institutions from government offices to hospitals, banks and educational institutions. They also experience public expressions of anti-foreigner sentiments in their presence, such as comments when boarding a taxi or train, and in many cases hold lingering fears of what might happen to them. Some respondents who used to have a network of school friends from many different backgrounds have opted to trust almost exclusively non-South Africans within their intimate network of friends 'because of what South Africans might do'. Others, who.mostly grew up in South Africa and expected to stay there, report no longer having any feeling of South Africa being their home and want to return to the country of their birth, even though it is largely an unknown place for them. In many cases, they have a complex relationship with South Africa as their home, even if it is not a very welcoming one. What is evident is that there are multiple ways in which young people create networks of belonging, through connections with friends and family in their country of birth, their current 'home' and place of residence, and globally.

It is in this light that some of Inoque's experiences are presented here. He is a young man who left his home country as a boy and grew up in Cape Town. His story gives insight into the complexities of concepts of mobility, marginality and belonging as they are experienced by many young migrants in South Africa. These migrants experience alienation as well as belonging; hope, pride and strength as well as fear and insecurity; and freedom as well as severe restraints. They encounter a myriad of possibilities as well as what seem like insurmountable barriers along their journey of social becoming. All these experiences and feelings are situational and can happen simultaneously, instantaneously and change over time and place. The emphasis here is on the continually shifting restraints and possibilities in a person's life to understand marginality and mobility as situational, relational and changing through a life course as well as between settings, by looking at the ways in which a young person has navigated a complicated reality in the first two decades of his life and negotiated the labels imposed on him. I highlight two aspects that are especially significant in a life of mobility: The importance for young people of a supportive network to draw on and the ef-

fects of state policy and documentation on the experience of 'marginality', feelings of belonging and hopes and aspirations for the future.

Navigating towards a better future

When I first met Inoque in 2003 he was 17 years old, a gentle, well-mannered
and confident young man with a slight stutter and big wide-open eyes that looked
out on the world with an eagerness and zest for life. He had a charm and confi-
dence that made him appear refreshingly free of worries and mature for his age.
He was living in Woodstock, a suburb close to the centre of Cape Town, and had
come to my house with his friend Honoré to one of the group discussions for
young refugees. He had come to South Africa by himself three years earlier to
join his brother but did not have any relatives there anymore. His positive ou-
tlook and energy seemed all the more remarkable when I started hearing more
about his life during our group conversations, and he was without fail the one
person who would keep his spirits up despite setbacks, never dwelling on the negative. Seven years later, as we record his life history, I am again impressed at
how he has managed his life so well at such a young age. His is not the 'typical'
story of war, refugee camps and poverty but of a life of growing up in a middle-
class neighbourhood of Luanda during the civil war and leaving home by himself
to pursue a better future. He recounted his childhood as a happy one as well as
one fraught with disappointments, adversity and emotional hardship, with the
backdrop of a civil war that led to his departure at the age of 14 to avoid being
conscripted into the Angolan army. He had suffered the consequences of living
with an abusive mother and a disengaged father, lost close family and friends,
witnessed the brutalities of war and has had to navigate his way through life from
an early age without the support of those he thought he could depend on. However, he has found others to connect and share his life with, and this solidarity
with his 'brothers' as well as his will to succeed have led him to where he is today. At 26, he is now working as a manager for an international catering company at an oil and gas plant in the northern province of Angola, has finally been
reunited with his family in Luanda after more than ten years and is building up a
relationship with a young South African woman in Cape Town. This is what he
was aiming for all these years: A degree in his pocket, a reunion with his family,
and being a free person with a future full of possibilities. He is, as Vigh puts it,
moving along the process of 'social becoming'.

In one of our sessions to record Inoque's life history, we were sitting in the
lounge with the TV tuned to CNN and the traffic noise from the main road outside coming in through the open window. His shield of good cheer cracked and
the tears started flowing when he told me about the people he had loved and had
lost, his bitter memories of his mother, his frustration with his father's disinterest,

the loneliness of missing his sisters all these years, and about not having spoken to anyone about these things before. This highlighted for me the turmoil he was experiencing beneath his image of being relaxed and in control, and how little outlet there is for many of these young people who are hanging on and trying to get to where they want to be. For Inoque, his Cape Town family of three Angolan friends who he has been living with since his arrival have been his main source of support. The first time I went to their home, I was surprised by the size of the house that they were renting. It was a far cry from the cramped conditions that many foreigners live in and an indication of the effort they had put into making it home. It was 11:00 and the four boys were sitting on a second hand lounge suite in the middle of the large loft-like living room, watching a soccer match on a Portuguese sports channel on their flatscreen TV, eating a breakfast of bread, omelettes and *chorizo* – a familiar sight in my experience of Angolans in Cape Town and Luanda. One of the boys was in painters overalls and the others were about to go to work as chefs in a restaurant. These jobs are typical of those held by many young Angolan men in Cape Town, as most find work in bars and res-taurants, in (ironically) Portuguese-owned fish shops or as painters and handy-men. Inoque told me later that he did not see his housemates that much, as all of them worked different shifts – night shifts, double shifts, weekend shifts – and it was rare to find everyone at home at the same time for very long. His own job as a waiter at an upmarket Cape Town restaurant was very busy so he enjoyed ha-ving the house to himself when he was off work and spent most of his little spare time relaxing and watching TV by himself. Many of his friends lived nearby but he did not meet them much anymore since he had finished college, preferring to keep in touch by SMS, phone, email and Facebook. This he reported doing fre-quently to know how his friends were. One reason he gave for his limited social life was that he was saving all the money he could, budgeting carefully to cover the expenses he would encounter on his upcoming trip 'back home' to Luanda.

Inoque was born in Luanda in 1984, in the middle of what was to be a twenty-seven-year civil war. He was the fifth of six children and his parents had moved from the central province of Malanje to Luanda in the 1970s when they were young adults, like many of their generation. He grew up on a small street in Cas-senda, a middle-class neighbourhood close to the national and military airports where many people were employed by the army or the government. There were also many foreign residents, especially Cubans. Inoque remembered their house being 'nice and big'. It had belonged to a Portuguese family who were driven out at the time of the Angolan wars of independence in 1975 and when they left, lo-cal people occupied their houses, subsequently legalizing their ownership. 'We were all born there, they used to say that that house gave birth to us, we grew up there and we have always lived there.' His father, one of his sisters and her family still live in this house and he considered this to be his home in Angola.

When he was growing up, his mother had a job as a domestic worker for a French family, whom Inoque visited regularly. His father was employed at the national bank, after having served as a policeman for many years. He worked long hours and had a good salary, and one of his uncles was a logistics soldier who provided the family with everything they needed.

> Ya those times, that was really good, that was the time when 'the cows were really fat'! (my uncle) would bring a lot of food, a lot, we would give a lot of food to our neighbours. And he used to bring a lot of guns to our place (...) we used to have a store room, guns, hand grenades (...) he would bring AK47s, all kinds, he would bring it.

Many of Inoque's references to the war in Angola were made in passing, as in the above quote, and these serve as background to the stories of what he mostly portrayed as a carefree childhood. He spoke of his preschool days when they wore MPLA bandanas and sang the national anthem every morning while hoisting the flag. He also joined the *Pioneiros*, the children's branch of the *Camarades*, the MPLA[6] socialist party's movement that was very active from before the independence war. He has happy memories of playing with a group of boys from his street. His eyes lit up when he was talking about these friends and how they used to have adventures on vacant lots around the neighbourhood or would sneak off to the beach to play and help the fishermen pull in their nets. However, as he stated, his parents always suspected the worst of him and he used to get a terrible beating whenever he came home late.

His initial depiction of a happy childhood became more nuanced as our discussions deepened, and he recounted a number of significant and traumatic experiences. His uncle, whom he loved a lot, was paralyzed in an accident at the military depot and became severely depressed. He eventually died after living with them for a few years. This was a very painful memory for Inoque. His mother died when he was eight years old but he said: 'I didn't like my mother so much, she used to beat me all the time, especially me, she used to beat me a lot, she used to beat me a LOT (...) that's why when she died I didn't even cry.' This made me realize that all was not as rosy as had first seemed, and it reminded me that my assumptions of a naturally close bond between parents and children is not the reality of many of the young people I was working with. Inoque's father was never involved in the running of the household and after his mother's death, there was a family meeting to decide what to do with the children.

> Well actually what they wanted to do was to split us up, give us to all our aunties, but we didn't want that (...) they wanted to send me to Benguela; back in the day I was really scared

---

[6] *Movimento Popular de Libertação de Angola* (People's Movement for the Liberation of Angola). The party has been in power since independence in 1975 with Luanda as its stronghold.

because of the war, maybe I would fly in a plane and they would shoot, because Benguela is in the south and the UNITA[7] was mainly in the south. So none of us agreed.

The siblings stayed together and an aunt came to check on them every day, something he remembers with fondness and respect, since she also had her own family of twelve to look after. As we will see in Inoque's story, relationships and networks of care with people other than parents or even relatives are often very important in a young migrant's life course. At the same time, however much they appreciate and treasure these contacts, many young people express an underlying sense of loss, anger, frustration and sadness at not having consistent support and the love and attention of their biological parents. In Inoque's case, this appears to be one of the reasons why he did not feel comfortable when he returned to Luanda after 10 years, and made him change his mind about 'home'.

Despite being largely sheltered from the war by virtue of living in Luanda, Inoque did experience its brutalities firsthand during an outbreak of violence in his neighbourhood. After the failed 1992 elections, he witnessed gunfights between his brothers, neighbours and friends and UNITA soldiers stationed close by and had to flee to the outskirts of Luanda. The contested election results ignited a new round of fighting between UNITA and the MPLA across the country and the threat of young boys being pulled off the streets of Luanda to serve in the army brought the war close to home. Many of Inoque's childhood friends started to leave Angola to escape conscription and were sent to study in Portugal, Cuba and the US. This was the route Inoque expected to follow as well.

Becoming a 'refugee' in Cape Town

In 1999 at the age of 14, Inoque's father sent his son to Cape Town to join his brother, who had already been moving back and forth between Luanda and Cape Town for a number of years. Inoque flew from Luanda to Johannesburg with another Angolan boy with whom he had been paired up to travel and stayed at an Angolan family's house for a couple of days. To his surprise, they charged them for their accommodation, not something he had expected from fellow Angolans and an indication of having arrived in an environment with different kinds of relationships. The two boys were put on a bus to Cape Town, which he experienced as a long trip full of hope, towards his dream destination. At the same time, Inoque described his panic at his inability to ask anyone for help when he almost missed getting back on the bus at a petrol station. After this, Inoque and his friend vowed not to get off until they reached their destination where, to his relief, his brother – his only 'connection' in this strange new environment – was

---

[7]   UNITA – *União Nacional para a Independência Total de Angola* (National Union for the Total Independence of Angola) – fought against the MPLA government during the civil war.

waiting for him. Life however, took a different turn than expected. His brother was living with nine other young Angolan men in a small two-bedroom apartment in Woodstock and although he had encouraged Inoque to come to South Africa, he took little interest in him and returned to Angola permanently after a few months. Inoque was left with nothing and as his father had indicated that he was not willing to support him any further, he knew that he had to make his own way in life. He spoke with affection of the 'brothers' he lived with, and one of their South African girlfriends who taught him some English, as the people who supported him in building up his future. His housemates were a few years older, had irregular jobs and shared their money and food with each other. He fondly remembers the late nights of eating, talking and laughing together as they packed into the living room to sleep. But most days were very lonely, as he spent his time at home trying to learn English from the lyrics of Bryan Adams songs, and occasionally went outside to the two Portuguese-owned shops in Main Road for some groceries and some social contact.

As he was desperate to get into a school and his brother had shown little sign of organizing this, Inoque ventured out by himself to find one. After numerous rejections at schools that said they were 'full', he finally found a place in a Xhosa/English-medium school in the neighbourhood. He was one of only two foreign students at the school and used to sit alone at the back of the class, was not taken in by his classmates and one teacher even refused to teach him in English. He said that during the year the students and staff got to know and liked him, and were subsequently very upset when he decided to move to an English-medium school with mainly coloured students in Upper Woodstock. He had found out that this school had much better matric results and although the fees were higher, his adopted brother, who had taken on responsibility for him, agreed to pay them. He made new friends, including the two Rwandan boys who had brought him along to the meeting in 2003 when I first met him, and was always very enthusiastic about the support the school gave refugees. His circle of friends at the time was a diverse mix of foreigners and South Africans, and he spent a lot of time with them, hanging out at their homes and meeting their families. He recalled the first time he stayed over at a friend's house in the 'black' township of Guguletu: 'It felt just like Angola, there were lots of people around, we were meeting the neighbours, children playing in the streets, and lots of noise' and was very different from the 'coloured' neighbourhood he was living in.

He soon found his first job in the restaurant where one of his housemates was working as a chef, and started contributing to the household of the four young men who had moved down the road into their current house. This became his family, his primary network of care, and to this day they have maintained this group and still look out for each other. Inoque mentioned the great feeling of independence he had on bringing home his first wages, of having his own money and paying his way. He has since been largely financially independent, working his way through school and college to cover his fees and his living costs. When he passed his high-school matric exams, he had dreams of becoming a successful businessman but was not admitted onto the Business Management course he applied for. He was very upset at this barrier to his plans for the future until a friend suggested he try food and beverage management as he was interested in the hospitality industry. However the fees were R24,000[8] a year with a hefty registration fee, and, as a non-South African, he was not eligible for any of the bursary schemes. This is one of the most common obstacles for people with refugee status as South African colleges and universities treat them as foreigners rather than as residents, often demanding the full annual fees up front on registration. Inoque spent many months applying for funds but to no avail and, after yet another rejection letter, I remember him being very frustrated at the prospect of not being able to study. Finally he decided that the only option was to keep working fulltime in the evenings and attend school during the day. His adopted brother helped him with the initial registration fee and he worked his way through four years of college, renegotiating payments with the college administrators each year. He finally graduated with a BTech at the end of 2009, with a substantial debt still to pay off before he could actually receive his diploma.

The bureaucracy of belonging

When I met with Inoque one day in November 2009, he had just been to the offices of an 'immigration consultant'.[9] He had paid him a substantial amount to take care of his application for temporary residency in South Africa. To his relief, a good friend of his had agreed to sign life partnership papers[10] with him to apply for a permit to stay in South Africa, which, ironically, would allow him the freedom to travel back and forth to Angola as well as the possibility to apply for permanent residency. This was a very welcome change after ten years of being in South Africa on a tenuous refugee status with no access to legal documents that allowed him to travel. Inoque had first entered South Africa at the beginning of 1999 on a visitor's visa and subsequently applied for asylum. He was then called

---

[8] About US$ 3,400.
[9] Due to the slow and inadequate service at the Department of Home Affairs (DHA), many foreign nationals pay lawyers or 'immigration consultants' to file their applications for them in the hopes of getting through the system. The costs vary from R 2,500 to R 9,000. There are also those who 'know' department officials and pay bribes to get papers issued. There have been many investigations over the years into corruption in this department and there are continuous reports in the media of large numbers of foreigners residing in South Africa on false documents obtained in such ways.
[10] In South African law, a legalized 'life partnership' has a similar legal status to marriage. It is a common route for a foreigner to legalize their relationship with a South African citizen and thus gain access to a residence permit.

in for an interview at the refugee offices of the Department of Home Affairs (DHA) but had been advised by fellow Angolans not to show his Angolan ID papers or to use his full name so that the Angolan government could not trace him easily. He was granted refugee status in 2000 and had to apply for a renewal every two years. When he turned 18 he applied for a refugee ID that would allow him to obtain an UNHCR passport, which was the only legal travel document he was eligible for. He had dreams of working on cruise ships and travelling the world or applying for lucrative jobs through some of his connections in Dubai. However, he discovered that the UNHCR passport was in fact not considered a legitimate ID or travel document by most governments or companies. He then decided to concentrate on finding work in Cape Town instead and to further his studies.

Inoque explained that as a result of not being able to travel legally, he had always held off going back to Angola to see his family. This would have put his refugee permit at risk, which was for him the only ticket he had to education in South Africa. He was well aware of the loopholes in the system whereby people on refugee status travel back to Angola on a 'self-conduit' from the Angolan consulate, apply for an Angolan passport, return on a visitor's or study visa and continue to use their refugee status papers in South Africa. He had also seen many people getting stuck in this process, losing out on their studies or being unable to return. This made him decide he would only go back to Angola once he was sure that he would be able to travel back and forth legally. It seemed that his patience, planning and insight into the contingencies of life eventually paid off. He also indicated that even if he found a good job in Angola, he intended to maintain his South African residency status and keep one foot in Cape Town, 'just in case':

> You see things always change. When I very first came here I just wanted to go there and study and come back but then the last few years I got into the social life here, you start living here now, meet people and enjoy this place, become comfortable and this place is now my second home. It has taught me a lot of stuff, I learnt a lot, met a lot of people here (...) I love this place it's a beautiful place (...) and coz now I am so used to being here its almost like I know when I go back to Angola things are going to be different (...) It's like for me it's trying out and I am trying to play safe because I don't know what's happening there.

When I met Inoque over the New Year holiday, he was quite tense: The process was taking much more time than the immigration consultant had promised and Inoque was increasingly anxious about whether his plan would work out. He told me that he had eventually adopted the strategy of wait-and-see and not to get too worked up about things. However, underneath his frustration was brewing, and he was not speaking to people, staying at home, waiting. Finally, at the end of February 2010 I got a text message that he was on his way to the airport, very

Photo 3.1   Luanda skyline in 2010

excited about returning to Luanda for the first time in ten years. When I asked him in earlier conversations about returning to a largely 'unknown' country, he was somewhat ambivalent:

> I really don't know what to expect! (laughs a bit) A lot of the time when I think of going back I get nervous (...) almost like anxiety because you really don't know what to expect. Because for certain you know things are not the way they were, obviously things change but they changed for the worse. I am also looking forward to it a bit because I am going to see my family, my friends and my country again but on the other hand it is not what I wanted it to be (...) it's gonna be really really different, maybe I am going to feel a bit strange as well (...) so mixed feelings for me.

An Angolan 'expat' in Angola

> (Angola) has changed and I also want to be part of that change (...) to also go and apply what I have learnt here. Because it doesn't help being outside and criticizing your country if you are not doing anything for it, if you want things to be better then you have to be that change. You have to do your thing. There are a lot of Angolan people here and elsewhere, they know a lot of stuff, they have been getting education and they can go there and be the change and create some change in Angola. Maybe it won't change the whole of Angola but change at least the people around you, the community around you (...) bit by bit, we all gonna start building up. That's what I think and that's why I wanna go back.

When Inoque finally managed to change his status from refugee to temporary resident in South Africa and could once again travel on his (Angolan) passport, he obtained the freedom of movement he had been wanting and could move forward on his planned path of social becoming. He boarded the flight to Luanda full of expectations and hope, and curiosity about what he would find 'back home'. After two weeks he had already found various job opportunities but his shock and disappointment at the quality of life in Luanda, the deterioration of the city, what he saw as the erosion of morality in his home society as well as a lack of emotional connection with his family, friends and neighbours made him re-evaluate. He had found work but not home. He decided Luanda was not for him and accepted a job with an international catering company at a gas plant in Soyo in the far north of Angola. This was a position he had already applied for a year earlier through Elite Careers, a recruitment agency that scouts Angolan graduates in South Africa. He is at an advantage professionally in Angola because of his diplomas and his ability to speak English, and therefore in a privileged position when it comes to finding work with a good starting salary and the opportunity to 'move up the ladder' quite rapidly, in contrast to his chances in South Africa and in contrast to many young people who were educated in Angola. This is a route many young Angolans want to take, and is typically expected to lead to the dream of earning dollars and driving a decent car. In a sense, Inoque has made it, earning a good salary, living on a company compound where everything is taken care of, and with the potential for a successful career. Professionally he is 'in' but socially he feels alienated and on the margins of his family and community in Angola, uncomfortable and unconnected to their way of being that is now unfamiliar to him, and he misses the close feeling of belonging he once had. He disliked being back under his father's rule and was dismayed that he was taking credit for Inoque's success by proudly introducing him as 'his son that he sent to Cape Town to study'. He felt uncomfortable in the house he used to call home, was unfamiliar with the streets he once knew like the back of his hand, and did not recognise his neighbours. He feels that his real home is now in Cape Town, where he grew up to be who he is today and where he built his own life on his own terms. As for his place of work, the international feel of the compound he lives in, the familiarity of the products imported from South Africa and the nature of the work he is doing made him comment that Soyo is more of an extension of Cape Town and his lifestyle there than that it has any connection to 'Angola'.

At work, Inoque soon earned approval from his employers for his work ethic and skills and rose through the ranks to be one of very few Angolans in a managerial position. Although international companies are legally required to have a certain percentage of Angolans on their staff, it is not easy to find qualified Angolans and most of the local employees have lower-level positions. His rapid promotion caused some antagonism among other local and international employees and he has had to develop a thick skin towards negative attitudes, making his position ambivalent once more as he straddles various allegiances. He is benefiting from what he calls the 'Angolanization' of the company and has managed to get his 'expat' contract approved despite being an Angolan citizen. This means that in return for a demanding work schedule of 45 days of work and three weeks off, his salary has risen and his employer covers the cost of flying him back and forth to Cape Town, which is now officially considered his home. By moving between Angola and South Africa, he is able to take what suits him from various places: His working life is spent on an international compound with networks to people from all over the world, he has some contact with his relatives and roots in Luanda, and he can still live in the home he created for himself in Cape Town.

In setting up this life of travel, Inoque has also discovered a new space: The executive airport lounge in Luanda. The SAA flight to Johannesburg is the main connecting flight for many expats flying home and the lounge has become a major networking place. These expats with their multiple connections and allegiances have a more familiar way of life and being in many ways than many of the Angolans Inoque meets in Luanda or Soyo. He is also fully aware of the benefits of networking in this space and has had numerous encounters that could lead to better career opportunities. Interestingly, his self-identification as being 'from Cape Town' has sparked positive reactions in these encounters and this identity is an aspect of his life that makes it easy for him to connect with expatriates. Entering into this realm of mobile cosmopolitan professionals, he is trying to achieve his ultimate aim of running his own business in Angola, employing and training Angolans and fulfilling what he feels is his obligation to his country of birth, while still maintaining his lifestyle of choice in Cape Town, his home.

Mobile Angolans

One aspect that I would like to bring out here is that despite his perhaps unusual success, Inoque's story of mobility and connections over borders is not unique. The personal past of many urban Angolans I met are full of references to travel and international connections. Migration (both internal and over national borders) and international links are an integral part of the history of Angola as a nation, and the various and changing political and economic allegiances during the colonial era, the struggle for independence, the civil war and the recent era of 'democracy' and global capitalism are visible in young people's lives and family histories. For example, many refer to Portuguese grandparents, ancestors from Cabo Verde, parents who studied in Bulgaria, Russia or Portugal, as well as the Cuban doctors and teachers they encountered during their childhood. In Angola's recent history there have also been several waves of internal migration from the rural areas to the cities. Often my respondents' parents or grandparents had moved from the provinces to the major cities during the conflict between UNITA and the MPLA in the 1970s, and my respondents themselves had mostly been born and raised in Luanda or other major cities without much contact with what many call 'the provinces' or any relatives residing there. Certainly those born in

Luanda see themselves as 'Luandans' over any other geographical ties and were quite cut off from what was going on in the rest of the country during the war. From the cities, many people ventured overseas as the long-term conflict has forced as well as enabled international connections and travel for many Angolans, ranging from government officials to students and refugees, linking Angola to different countries in various ways at state, business and personal levels. In the case of young boys growing up during the war, the threat of abduction or conscription into the UNITA and MPLA armies and the limited possibilities of getting an education, fuelled aspirations to go elsewhere for studies and work. Many left the country as children or teenagers, as Inoque did. Nowadays Angolan entrepreneurs travel for business to Namibia, South Africa, Brazil, Dubai and Hong Kong, and the more affluent go for holidays, shopping and medical care to South Africa and Portugal, or study in South Africa, the US, Portugal or Cuba. Daily Brazilian *novelas* on TV, imported produce in markets, deli's and supermarkets, and phone, email and most recently Facebook connections with friends and relatives living in the US, Portugal, the Netherlands, Namibia and South Africa have become a normal part of life at many levels of society. Ironically, sustained peace in Angola has limited the possibilities for young people to be mobile, as the status of refugee is no longer valid. Many in Luanda continue to dream of a life elsewhere and are keen to hear from those who have moved.

Judging from surveys[11] as well as personal encounters and people's own analyses, Angolans living in Cape Town are proud of their ability to survive, adapt and connect to different kinds of people and often navigate different social environments quite successfully. At the same time, there appears to be a strong sense of national identity amongst this group, an emotional connection to a nation and a home country, thus expressing feelings of belonging to a particular place and people called Angolans. This pride in their Angolan-ness and connections to people *from* and *in* their country of birth seems to have multiple functions that ground them. The network of people *from* Angola living in South Africa tends to provide a sense of belonging to a group and of familiarity, sharing interests and tastes in music, style and food, as well as sharing memories, current news of 'home' and experiences of living in South Africa. As in many other migrant communities, it also serves as a practical network of people through whom it is possible to find accommodation, work or other kinds of support. Rapid developments in mobile phone and Internet technology in recent years have rekindled and intensified contacts with friends and family *in* their country of birth, and provide young Angolans with a more direct connection to a place called 'home', a place where they feel they 'officially' belong and that they could return to if all else fails. Their home country is seen as a possible fallback, another realm of

---

[11]   National Refugee Baseline Study (2003) by CASE (Community Agency for Social Enquiry).

possibilities, a place that is perhaps holding their sense of self where they at least have the right to citizenship and are considered a human being. Pride in their Angolan-ness seems to have increased since the end of the civil war with a gradual and important shift in the meaning of 'being from Angola' both in public opinion in South Africa as well as in Angolans' minds and experiences of their home country. Being Angolan no longer implies being from a war-torn, poor and backward country. On the contrary, Angola is one of the most popular destinations if one wants to make money in the South African business world. And in some circles, such as the music and nightlife scene in Cape Town, the rise in popularity of the Angolan music and dance styles of *Kizomba* and *Kuduru* has made it fashionable to be Angolan. Amongst Angolans themselves, being a true 'Mwangole'[12] is re-iterated in many contexts, and popular music and dance styles are important cultural signifiers for maintaining and expressing an Angolan identity and pride wherever you are. Digital technology, satellite TV and the Internet have played a significant role in bringing people closer through various forms of Angolan national identity, which is coupled with a more positive idea of what it means to be Angolan. This is celebrated in such diverse ways as wearing t-shirts, bags and caps bearing the national flag, praising 'our own' Angolan music videos on YouTube, speaking urban slang, being able to do the latest *Kuduru* dance moves, joining a Facebook group for 'Angolans in Cape Town' and organizing events and parties on Angola's independence day. In their daily lives, Angolans have always lived together, had parties, danced *Kizomba*, visited each other on weekends and revelled in eating Angolan food to keep this familiarity going, but 'being Angolan' now has a much more positive public image and can be mobilized in many more ways. With its alluring oil industry and dollar economy, Angola has become a symbol of opportunities, dreams and hope for many. This appears to be a new grounding for young people's 'capacity to aspire' (Appadurai 2004) despite the difficulties faced by those who do return to Angola.

Concluding remarks

While growing up, Inoque moved between childhood and young adulthood, between being a refugee, an Angolan passport holder and a South African resident, and between being a Luandan, Capetonian and cosmopolitan expat. He developed from being a young boy considered a nuisance by his parents to being an educated young Angolan, a source of pride to his family and an asset to his employer. His Angolan nationality and international experience are a strong negotiating factor in his career and aspirations 'back home' but his passport restricted his global ambitions. He decided to move away from home where his dreams

---

[12] *Mwangole* is urban slang for an Angolan citizen.

were in jeopardy, opting to stay put, 'stuck' in a marginal social status for over ten years to further his chances of eventually attaining the social mobility he aspired to. As a social identity, his status as an Angolan in South Africa is ambiguous: It has a negative meaning in some cases but increasingly is being seen and felt as positive. However, high levels of discrimination against foreign Africans in South African society continue to exclude them from many educational and job opportunities, keeping most African migrants in marginal economic positions and driving those with potential away. Ironically, having obtained the well-guarded South African residence permit, Inoque now has the mobility to take care of himself and his family, and to not be the dreaded 'burden' on South African society.

His story shows how marginality is a relative category. In many respects, young Angolans in South Africa are marginalized as their access to education, work and citizenship is limited. At the same time, these young migrants may have advantages over their age-mates both in South Africa and Angola who have not moved: Their experience of mobility, their linguistic skills, educational background and strong aspirations help them to expand their opportunities. This chapter also shows that identity is situational and changes with location and context. 'Home' and belonging are changing categories, where home can be a house, a family, a city or a feeling, and belonging can be simultaneously present and aspired to in more than one place. As for the concept of mobility, it is a given that there is movement in all cases of migration. However, the experience of *immobility* should not be forgotten, as migrants' experiences are often better described in terms such as 'involuntary immobility' (Carling 2002)[13] and 'stuckness' (Øien 2008). The experience of being 'stuck' is taken by many as necessary to get to where they want to be, is defied by some who work the system with the risk of losing the little stake they have, and is for most a regular reminder of the shaky ground they are building their lives on. However, due to their 'stuckness' and not belonging, many of their efforts are geared towards being 'voluntarily mobile', to being free to move and, simultaneously, to finding places to be at home and feel a sense of belonging. Inoque's relief when he was able to rid himself of his refugee status is a clear indication of the burden that the label was putting on him and others like him. The A4 piece of paper mentioned above is a constant reminder: It is a marker of not belonging and not having the same rights as others. Being rid of it and feeling like a legitimate person – even if only temporarily so – means the road ahead is open once more. This was usually the reason for leaving home in the first place.

---

[13] This term was coined by Carling (2002) to describe the experience of aspiring migrants in Cape Verde who do not succeed in leaving their home country but I feel it is an apt description of those who have migrated but subsequently cannot travel due to restrictions put on refugees' movements.

Young immigrants' relative success in moving up the social ladder can be partly understood by the immense drive and support of their families, friends, church communities and themselves to survive and succeed, and the realization that they have no other safety net to fall back on than their own ability to 'make something out of life'. Another key element is their aptitude, often born out of necessity, for making and keeping a wide range of connections going and navigating different kinds of environments. This relates to one of the main findings from a study of young South African teenagers in Cape Town that I worked with in 2006 (see Bray *et al.* 2010), that connections made outside the immediate neighbourhood, community and family are an invaluable source of information and inspiration for young people in marginalized settings, and just one such connection can provide a route to a different kind of future. Young people who are able to keep or create connections across (national) borders as well as across racial and class lines will therefore be at an advantage. Also, being part of a community of people with similar experiences, of an older generation as well as their own, appears to be feeding their 'capacity to aspire' (Appadurai 2004) and may well be their best asset in working towards a better future.

As far as policy goes, this is also a group of people who would do well with a more flexible and inclusive approach towards citizenship in their host country (Nyamnjoh 2007). Many of my respondents felt they could be an asset to a country like South Africa, if only the state recognized them as residents with multiple connections and an ability to create new links and opportunities, rather than as unwanted foreigners with a temporary status being 'kept in their place' by a lack of ID documentation. This finding is in line with recent research by Katy Long on mixed migration in Eastern Africa and her policy recommendations to UNHCR for durable solutions to problems surrounding PRS (Protracted Refugee Status). She argues that enabling the right to mobility and acknowledging that refugees are transnational in their practices – by for example granting long-term refugees a working visa – would be in line with the UNHCR's mandate to protect the rights of refugees and would address the problem of reaching and protecting those in a 'protracted refugee status' as well as self-settled refugees in urban centres. This consideration 'reflects a growing body of research work that has argued that UNHCR's durable solutions' policy framework needs to incorporate human mobility and reflect the reality of transnational diasporic communities. As Van Hear (2003: 14, quoted in Long 2009: 5) observed, 'transnationalism' is arguably a 'solution' favoured by the displaced, since it is a practice often pursued by them in everyday life.'

In conclusion, although mobility is considered a way into marginality, it is also a way out of it. As this case study has shown, moving, crossing boundaries, confronting various identities and experiencing new connections all open up new possibilities. People who have experienced crossing borders and boundaries are aware of the potential and possibilities of moving, as well as the risks and obstacles. Inoque's story also shows that being marginalized, not-belonging, not being satisfied and/or not being on the inside is often a motivator to strive for a better life and the experience of navigating can develop the 'capacity to aspire' as well as the ability to experiment with 'alternative futures' (Appadurai 2004: 69). The current generation of refugees and migrants who are growing up in more than one place and experiencing multiple ways of connecting and belonging are dealing with different circumstances and in different ways to their parents and others of an older generation. Their practices, dreams, expectations and strategies offer a new understanding of living in more than one place simultaneously, a growing way of being in a world that is more connected than ever before. The task at hand is thus to understand and describe the many complexities and contradictions in these young people's lives as they can be marginal *and* successful, insider *and* outsider, insecure *and* hopeful, alone *and* well connected, therefore understanding marginality, belonging and mobility as being situational, variable and working at different levels simultaneously.

References

APPADURAI, A. (2004), 'The capacity to aspire: Culture and the terms of eecognition'. In: V. Rao & M. Walton, eds, *Culture and public action*. Palo Alto, California: Stanford University Press, pp. 59-84.

BAKEWELL, O. (2007), 'The meaning and use of identity papers: Handheld and heartfelt nationality in the borderlands of North-West Zambia', *IMI Working Paper* No. 5.

BRAY, R., I. GOOSKENS, L. KAHN, S. MOSES & J. SEEKINGS (2010), *Growing up in the new South Africa: Childhood and adolescence in post-apartheid Cape Town*. Cape Town: HSRC Press.

CASE: COMMUNITY AGENCY FOR SOCIAL ENQUIRY (2003), *National Refugee Baseline Study*. By Florencia Belvedere, Ezekile Mogodi & Zaid Kimmie. Funded by UNHCR and JICA (Japan International Cooperation Agency).

CARLING, J. (2002), 'Migration in the age of involuntary immobility: Theoretical reflections and Cape Verdean experiences', *Journal of Ethnic and Migration Studies* 28(1): 5-42.

CHRISTIANSEN, C., M. UTAS & H.E. VIGH, eds (2006), 'Introduction'. In: C. Christiansen, M. Utas & H.E. Vigh, eds, *Navigating youth, generating adulthood: Social becoming in an African context*. Uppsala: Nordiska Afrikainstitutet.

LONG, K. (2009), 'Extending protection? Labour migration and durable solutions for refugees', *New Issues in Refugee Research*, Research paper no. 176. UNHCR Policy Development and Evaluation Service.

LONSDALE, J. (2000), 'Agency in tight corners: Narrative and initiative in African History', *Journal of African Cultural Studies* 13(1): 5-16.

NYAMNJOH, F. (2007), 'From bounded to flexible citizenship: Lessons from Africa', *Citizenship Studies* 11(1): 73-82.

ØIEN, C. (2008), 'Pathways of migration: Perceptions of home and belonging among Angolan women in Portugal', Unpublished PhD Thesis, Faculty of Humanities, University of Manchester.

SICHONE, O.B. (2008), 'Xenophobia and xenophilia in South Africa: African migrants in Cape Town'. In: P. Werbner, ed., *Anthropology and the new cosmopolitanism: Rooted, feminist and vernacular perspectives*. Oxford: Berg, pp. 309-324.

VIGH, H.E. (2006), 'Social death and violent life chances'. In: C. Christiansen, M. Utas & H.E. Vigh, eds, *Navigating youth, generating adulthood: Social becoming in an African context*. Uppsala: Nordiska Afrikainstitutet.

4

Transnational migration and marginality: Nigerian migrants in Anglophone Cameroon

Tangie Nsoh Fonchingong

Abstract
This chapter examines the relationship between transnational migration and marginality. Using the Nigerian migrants in Anglophone Cameroon as a case study, it is found firstly, that not all persons who relocate trans-nationally are necessarily regarded as migrants as evidenced by the Hausa/Fulani situation. Secondly, that history is relevant in analysing the processes of migration and marginalization as shown in the legal changing relationship between the Nigerian migrants and the local host population in Anglophone Cameroon. Thus, during the colonial period when the Anglophone territory was administered by Britain as part of Nigeria, the Nigerian migrants, privileged by the colonial administration, dominated the host society socially, economically and administratively. The host population felt marginalized and agitated against the situation in several ways including the decision to vote for unification with French-speaking Cameroon rather than integrate with Nigeria. Unification turned the Nigerian migrants into *de jure* foreigners and various discriminatory measures were established to marginalize them at the socio-cultural and political levels. Finally, it is found that marginality has many coexisting forms that require different coping strategies. This is illustrated by the fact that though marginalized socio-culturally and politically, the Nigerian migrants still dominate the territory's local trade and commerce and cannot therefore be considered to be marginalized economically.

Introduction

Human mobility is as old as history but with globalization it has acquired a new momentum. Facilitated by advances in new information and communication technologies (ICT), globalization has meant an unprecedented acceleration in the movement of people, goods and capital. Yet McLuhan's prophesied global village is unlikely to emerge because while accelerating mobility, globalization has also intensified xenophobia, i.e. the intense dislike, hatred or fear of persons perceived to be strangers (Bihr 1992; Hollifield 1999; Stalker 2000; Jureidini 2003;

Nyamnjoh 2006). This has in turn 'engendered or exacerbated global patterns of protected inclusions and rampant practices of exclusion' (Nyamnjoh 2006: 5).

In this sense, globalization may even have sharpened processes of marginalization instead of having led to 'a global village'. Marginality is an elusive concept and there is no agreement in the social-sciences literature as to its meaning. It involves a 'lack of participation', 'deprivation and exclusion', 'disadvantage' and 'vulnerabilities' (Bankovskaya 2000: 12; Mehretu, Pigozzi & Sommers 2000: 2). Marginality has many forms and may include socio-cultural, political and/or economic factors. It may be a condition experienced by people themselves or a label attributed to people by others. To gain a more profound understanding of the relationship between mobility and marginality, we can study examples from the past and the present. This contribution focuses on the history of Nigerian migrants in Anglophone Cameroon. How in this case has the relationship between mobility and marginality developed historically?

The study focuses on both recent and long-time Nigerian migrants resident in West Cameroon and investigates the extent to which they are integrated into or rejected by the host society socio-culturally, politically and economically. Methodologically, primary data is derived from informal and formal structured face-to-face interviews with about fifty Nigerian migrants and members of the host community in urban and rural areas in West Cameroon.

The chapter is divided into five sections. The first section provides a brief historical overview of Anglophone Cameroon while the second part discusses the complex relations between ethnicity and nationality in this area. In the following section, the situation of Nigerian migrants is examined in relation to marginality during the pre-1961 period when the territory was administered by Britain as part of Nigeria. It is argued that during this period the colonial administration privileged Nigerian migrants who consequently came to occupy dominant positions administratively, politically and economically. The local population agitated against Nigerian domination in several ways, including the decision to vote in favour of unification with French-speaking Cameroon rather than integration in Nigeria. The argument in the next section is that Nigerians in West Cameroon were marginalized in the post-colonial context, although not in all respects. Unification with French-speaking Cameroon turned these Nigerians into foreigners and the establishment of several discriminating measures against them led to socio-cultural and political marginalization. However, Nigerians still dominate local trade and commerce, and cannot therefore be said to be economically marginalized. The final section analyzes the various strategies used by Nigerian migrants to survive and/or fight against marginality. The migrants use individual conventional and unconventional strategies as well as unionizing under the aegis of the Nigerian Union at a group level to fight marginality.

Anglophone Cameroon: An historical overview

Anglophone Cameroon has had a complex political history. Between 1884 and 1916 it was part of the former German colony of Kamerun. After Germany was forced to renounce all claims to its overseas territories at the end of the First World War, Kamerun was divided between Britain and France as mandated territories under the League of Nations. France received four-fifths of the territory and three-quarters of the population, and the remaining one fifth of the land and a quarter of the population, made up of two unconnected strips, went to Britain as British Northern and Southern Cameroons. Whereas France incorporated its own portion of Kamerun (French: Cameroun) into its colonial empire as a distinct administrative unit, Britain administered the Northern Cameroons and Southern Cameroons as parts of the northern and eastern regions of its colony of Nigeria (Osuntokun 1975; Eyongetah & Brain 1974; Ngoh 1996). In 1949 the Southern Cameroons was divided into two provinces: Bamenda (with Bamenda as the capital) and Southern (with Buea as its capital). In 1954 the Southern Cameroons became an autonomous region with E.M.L. Endely as its first premier and Buea as its capital. Following a UN-organized plebiscite in 1961, the British Northern Cameroons opted for integration with Nigeria while the Southern Cameroons decided to unify with French Cameroon, which had become known as *La Republique du Cameroun*. Between 1961 and 1972 the area was a single unit and was known as 'West Cameroon'.

It was in 1972 that the territory was split into the present two administrative regions (North-West and South-west). Geographically, Anglophone Cameroon is bordered by Nigeria on the west and north, by the Atlantic Ocean to the south and by the rest of (French-speaking) Cameroon to the east.

Defining 'Nigerians'

It should be noted that not all persons of Nigerian origin living in Anglophone Cameroon are regarded as foreigners. First, there are people whose ethnic groups straddle the two countries, for example the Yamba in the northwest and the Ejagam in the southwest that have members on both sides of the border. These ethnic groups were split by arbitrarily drawn colonial boundaries that turned members of the same ethnic group or even family into different nationalities, some into Cameroonians, others into Nigerians. These are people who have the same culture, speak the same language and bear the same names. Being on the border and in the rural areas, they can and do migrate to any urban or other area in either country without being regarded as or treated as foreigners. How, for instance, is a Nigerian Ejagam to be distinguished from a Cameroonian Ejagam in any part of Cameroon or Nigeria? As such, members of these groups pass as citizens of either country when it suits their purposes and can therefore acquire the passport of either country when the need arises.

The other category of persons of Nigerian origin not regarded as foreigners in Cameroon are the Hausa. The Hausa are natives of northern Nigeria and are traders by activity and urban nomads. Settled in specific areas referred to as Hausa quarters, they keep to themselves by not mixing either with other Nigerians or members of the local population. This may be partly because of their religion (Islam), which views non-members as infidels. They all have Cameroonian nationality and are therefore not regarded as migrants. This means that even the most recent Hausa arrival from Nigeria or elsewhere is considered Cameroonian. A speculative explanation for this state of affairs is that the first post-colonial president of Cameroon, Ahmadou Ahidjo, who was a Muslim of Hausa/Fulani background, wanted to avoid being seen as a foreigner. Consequently, nationality and not ethnicity is the determining factor of a migrant. Although legally classified as Cameroonians, the Hausa and Fulani are regarded by members of the local population as strangers. Thus, because they are regarded as nationals in both countries, the Yamba, the Ejagam and the Hausa/Fulani are not migrants in Cameroon but all the other people of Nigerian origin who have not in one way or another acquired Cameroonian nationality are considered migrants.

In the complex interrelations between nationality and ethnicity, the Igbo case stands out. For a long time, the terms 'Nigerian' and 'Igbo' have been used synonymously. While not all immigrants consider themselves Igbo, local people tend to associate Nigerians with Igbo. This has its roots in colonial history when many Igbo speakers immigrated to the region and came to play an important role politically and economically.

The Nigerians currently living in Anglophone Cameroon fall into three categories. These include those who came before 1961 when the territory was governed as part of Nigeria: They did not come as foreigners but as citizens moving from one part of the colony to another. The second category consists of those who arrived after 1961 as foreigners searching for better opportunities. Those born in the territory constitute the third category. It may seem strange that people born in the territory are migrants. However this is due to the fact that Cameroon civil status regulation is patrilineal, whereby a child automatically acquires the nationality of the father and not that of the mother, irrespective of where s/he is born. This is also partly because Cameroonian law does not permit dual nationality and a person becomes an immigrant without, strictly speaking, having moved out of the neighbourhood in which s/he was born. Each of these categories of migrants may have difference experiences but they share the same problem of being treated as foreigners.

Nigerian migrants and marginality in Anglophone Cameroon: The pre-1961 period

Prior to 1961, Anglophone Cameroon was called British Southern Cameroons and was administered by Britain as part of its colony of Nigeria. It is likely that before the start of British rule in the Cameroons people moved between German Kamerun and the British colony of Nigeria since they had many ethnic and linguistic ties. With the start of British rule, movement between the Southern Cameroons and Nigeria was stimulated in several ways. Britain administered the territory as a part of Nigeria, thereby transferring many Nigerians to the territory. This gave the impression that Nigeria rather than Britain was the colonial power ruling the British Cameroons. As an appendage to Nigeria, a 'colony of a colony', the British Cameroons was starved of development funds and remained relatively underdeveloped with its economy centred only on the plantations that had been established under German rule. Finally, Britain deliberately encouraged the movement of Nigerians into the territory by abolishing the existing border between the former German Kamerun Protectorate and Nigeria (Ardener *et al.* 1960; Konings 1993, 2005, 2009).

All this resulted in the increased migration of eastern Nigerians, especially the Igbo, who were escaping widespread land scarcity in their densely populated area and going to the underdeveloped Southern Cameroons to provide labour and expertise. Besides the government employees transferred to the territory, some of the Nigerians were workers on the Nigeria-Cameroon road and they then followed the road into Cameroon and settled. Some came as traders, while others came to work for expatriate firms, especially the agro-industrial enterprises that had inherited the former German plantations. Thus, by 'the 1950s, Nigerians, especially Igbo, comprised roughly 25-30% of the Cameroon Development Corporation (CDC) labour and 80 per cent of the Pamol workforce' (Konings 2009: 223). They used their privileged positions in the administration and prevented Cameroonians from being recruited into government service, preferring to recruit only other Nigerians (Amazee 1990). Nigerians, particularly the Igbo, dominated not only the administration but also used their business networks to dominate economic activities including trade, commerce and artisan activities such as photography, baking, tailoring, shoemaking, bicycle repairs, radio repairs, blacksmithing and restaurant business.

Since many of the Nigerians came as government employees in what they saw as their 'colony' and not as frustrated migrants in search of 'greener pasture', they saw themselves and behaved towards the local population as 'masters' rather than 'servants'. This assumed air of superiority over the local population was not limited to those Nigerians with white-collar jobs. It was quickly adopted by all Nigerians in the territory irrespective of their profession and was evident in their arrogant and condescending behaviour towards the local population and their disrespect for local customs and authorities (Amazee 1990). These unequal relations led to mutual stereotyping and friction between Cameroonians and Igbo, as they were called. One of the Anglophone Cameroonians who lived through the experience explained that

> [I]n those days the Igbo were everywhere and treated us as their subordinates and discrimi-nated against us both in administration and in social life. Since they were next to the whites, they made sure that all the good jobs went to their boys. Even in the market, if an Igbo bought anything from you such as a bunch of plantains, a bundle of firewood, basket of co-coyams, yams etc, you had to carry it to his house, but if you bought anything from them they did not carry it to your house. (Interview, Limbe, 12 July 2009)

Another interviewee revealed that 'you could not go to the market and touch anything being sold by an Igbo for the purpose of determining its quality before deciding whether to buy it because if you did, you would be forced under threat of being beaten up by the seller and his colleagues to buy it whether or not it was what you wanted' (Limbe, 15 July 2009). For Nigerian immigrants this may have seemed like their 'Golden Age'. Privileged by the British, they enjoyed many rights and could exercise power in political, economic and social terms. In a way, migration led to marginalization, in this case of the local host population.

The local population deeply resented administrative and commercial domina-tion by the migrants and their attitude. This resentment found its expression in several ways. Firstly, the local population reacted by stereotyping the migrants and they were held responsible for all society's vices: Bribes, corruption, drugs, alcoholism, seduction of local women, cannibalism, sorcery, and disrespect of local customs and authorities (Ardener 1962; Amazee 1990; Konings 2005).

A second way in which the host population reacted to the immigrants' power-ful position was through the authority of local traditional leaders. The latter tried to control the relationship between the local population and the migrants by restrictive measures that were meant to curb their power. As already noted, 'Ni-gerian' and 'Igbo' were used synonymously in the region and so it will be no surprise that in the following circular, issued by the Bakweri Native Authority in February 1948, the Igbo are referred to specifically.

- Nobody is allowed to sell his or her house to an Igbo, neither may anybody give his or her house for rent to an Igbo.
- No farmland may be sold to an Igbo, or rented to an Igbo.
- Nobody may allow an Igbo to enter any native farm or forest for purpose of finding sticks for building or for any other purpose
- Houses or farms already sold to an Igbo man shall be purchased by the Native Authority, which will afterwards resell same to some suitable person
- Nobody shall trade will Igbo for anything of value or not
- All landlords must ask their Igbo tenants to quit before 15 March 1948.
- No Cameroonian woman is allowed to communicate with the Igbo in any form (Konings 2009: 224)

In reaction to the regulation, the District Officer for Buea decided to bring the Native Authority under his control by issuing and publishing a circular in which he stated that 'the administration had not, and would not, issue any order discriminating against the Igbo'. He insisted that it was the duty of the members and officers of the Native Authority and Native Courts 'to uphold the law, and warned that if they did not do so they might be deprived of their offices' (Amazee 1990: 287). This reaction shows that the Igbo were protected by the colonial administrators and local authorities had little space to manoeuvre to curb the immigrants' power. Relations remained tense and in 1961 the population of Southern Cameroons voted for unification with the French-speaking *Republique du Cameroun* rather than integrate with Nigeria. Such voting behaviour can be interpreted as a protest against the marginal position of the Southern Cameroons within the Nigerian context. The situation in Northern Cameroons was different given the absence of some of the factors that attracted many Igbo and other Nigerians to Southern Cameroons: Equatorial forest with fertile soils, agricultural plantations and the proximity of Igbo land to Southern Cameroons.

The Nigerian migrants and marginality in Anglophone Cameroon: The post-1961 period

The unification of Southern Cameroons and Francophone Cameroon in 1961 resulted in a dramatic change in the situation of Nigerians in the territory. They were automatically transformed from citizens to foreigners. This change in the legal status of the Nigerian immigrants and the introduction of an international boundary between Nigeria and Anglophone Cameroon did not, however, lead to a decrease in the number of Nigerians migrating to the territory. On the contrary, the number increased due in part to the favourable and stable exchange rate of the CFA Franc over the Nigerian Naira that was experiencing near-constant devaluation (Weiss 1998; Bennfla 2002) in an attempt to cope with a globalizing economic system. Insecurity occasioned by political instability, especially during the Nigeria-Biafra civil war, led many eastern Nigerians to migrate to Cameroon and improved means of communication have facilitated cross-border movement. Thus, although globalization may have intensified processes of marginalization, it has also accelerated migration as increasing numbers of people are on the move in search of the proverbial greener pastures.

The exact number of Nigerians currently living in Cameroon is uncertain but estimates range from one million by demographers (Konings 2009) to four million by the government of Cameroon (Nkene 2000; Sindjoun 2001). This high disparity in estimates is partly due to the fact that not all the migrants are documented and some are circulation migrants who regularly move between Cameroon and Nigeria. Circulation migration is facilitated by the fact that there are no visa requirements for periods of less than three months. Although the regional distribution of Nigerian immigrants across the country is not known, most of the Nigerians living in Cameroon are resident in Anglophone Cameroon for historical and geographical reasons. The historical factor that accounts for the large number of Nigerians in Anglophone Cameroon dates from when Britain administered the territory as part of Nigeria (1916-1961) and facilitated the movement of Nigerians to the territory (see above). Geographically, Anglophone Cameroon and Nigeria share land and maritime borders.

Unification signalled the end of the Golden Age for Nigerians in Anglophone Cameroon. A first issue was the change in their legal status: All migrants were now required to obtain a valid Nigerian passport and each adult (aged 18 and over) had to acquire a residence permit. Its cost has increased over the years from FCFA 10,000 (for two years) in the 1960s to FCFA 83,000 in 2002, and to FCFA 120,000 today. The nostalgic feelings of those who came before 1961 were expressed by one as follows:

> I came here (Bamenda, North-West region) in 1960. I followed my friend and came here as a trader. We needed no document to come here because we were not going to a foreign country. We lived in what is today called the old town, near the Hausa quarter. The people were friendly, and houses and food were cheap. I used to go to Nigeria almost every month to buy goods. We used to sell things and could cover our goods and leave them overnight in the open market and nobody would touch them. There was no insecurity and no police harassment. But after 1961, precisely in 1962 we were told that we had become foreigners and that if we wanted to continue to stay here we must go and get a Nigerian passport. As soon as we obtained the passports we were again told that we had to pay for a residence permit. It was not easy, and so many of my friends went back to Nigeria. (Interview, Bamenda, 23 August 2009)

A respondent in Bamenda (Interview, 24 August 2009) regretted that 'reunification transformed us into foreigners' and confessed that 'before that time I did not know that there was something called a passport and so when my friend told me that we were required to get passports, I thought he was joking.' 'What is annoying to me' another respondent lamented in an interview, 'is the fact that I have lived all my life here, since 1959, and I am still treated as if I am somebody who came yesterday'.

Apart from the legal issue, several discriminatory measures were taken that interfered with the economic and political options for Nigerian migrants. On the economic front, job opportunities for Nigerians were greatly reduced. Civil-service jobs as well as work in the agro-industrial parastatals were no longer available to them. Moreover, private enterprises responded to the government demand to 'Cameroonize' their workforce. Furthermore, the state authorities prohibited migrants from carrying out lucrative trading activities such as playing the role of middlemen in the cocoa trade, engaging as wholesalers of palm oil and operating inter-urban transport (Konings 2009).

In the socio-political realm, a law was passed banning all ethnic organizations, including the powerful Igbo Union, which in colonial days functioned as an exceptionally effective instrument in regulating the activities of its members from undertaking self-help projects and lobbying for Igbo interests in the territory. The authorities accused the Igbo Union of being tribalistic, authoritarian and subversive and therefore of constituting a threat to social cohesion in Anglophone Cameroon (Weiss 1998). The celebration of Igbo Day, an event that glorified the ethnic identity and achievements of the Igbo, was banned by the authorities and the Igbo Union Hall in Kumba town that had long served as the centre for Igbo activities was demolished by the security forces. Finally, as foreigners, Nigerians could no longer officially own houses or land and were prevented from participating in decision-making even at the local level. These measures are applicable to all migrants in Cameroon irrespective of the duration of their stay. Consequently, second- or third-generation descendants of Nigerian migrants are still foreigners and are not entitled to own land or property. Frustration was expressed by descendants of migrants in the following account:

> I was born here in Kumba (South-West) in 1965 and I am the second of six children of my parents – three boys and three girls. We all did our schooling here. Our father told us that he came to Kumba from Nigeria in 1957 and married a Cameroonian girl from Bayangi, our mother, in 1961. Our parents lived and died here, father in 1980 and mother in 1990. We have a family house in Kumba town. I am married and my wife is a Cameroonian from here (Bafaw-Kumba). I have five children with my wife. We have a family house in Kumba town where we lived with our parents. I built my own house in Fiango where I now live with my wife and the last two children. My other brothers are also living in their own houses here in Kumba. So to me this is home, not only because all my family members, friends and investments are here, but more especially because I have a Cameroonian mother, a Cameroonian birth certificate and a Cameroonian wife. Yet the Cameroonian authorities say we are foreigners and so cannot have the same civic and political rights as Cameroonians and must pay for residence permits. I really feel very bad about it because each time I go to Nigeria they call me a Cameroonian and here in Cameroon I am treated as a Nigerian, a foreigner. So, where do I belong? (Interview, Kumba, 2 June 2009).

Another respondent likewise expressed dissatisfaction: 'I pay for the residence permit, pay taxes and employ five Cameroonians thereby contributing to the economy, yet I have no voice and can own neither a house nor land officially. This is unfair' (Interview, Tiko, 17 March 2009).

Besides being marginalized by officially established measures, the migrants are constantly unduly harassed by the police and gendarmes. Firstly, although the official cost of a residence permit is currently FCFA 120,000, migrants usually have to spend about FCFA 135,000 because the police ask for bribes in the form of what they refer to as 'charges'. Secondly, even after paying for the permit, it is usually not issued immediately and it can take up to two months before the permit is issued. While the applicant is given a receipt, this is often not acknowledged as valid by the police and in the meantime migrants are told to 'negotiate' so as to regularize their status. Thirdly, although the duration of the permit is twen-ty-four months, the police usually regard them as having expired two months be-fore the expiry date and harass the holders of such permits. Fourthly, the police regularly raid the homes of migrants at night and on such occasions each adult migrant must pay FCFA 10,000 for those whose documents are in order and FCFA 25,000 for those whose documents are 'irregular'. Failure to do so results in them being taken to an office where they will have to spend even more to be bailed out. As one migrant recounted:

> We are at the whims and caprices of the police and gendarmes at every turn, on the highway, at home and at the market place. It suffices for a policeman or gendarme to identify you as a Nigerian. He will find any excuse to extort money from you. On the highway he will ask you to get out of the vehicle and follow him. He takes your documents and even if he finds them to be correct, he holds on to them and makes as if he has forgotten about you and goes on to attend to other cases. He keeps them as long as you do not understand or refuse to under-stand what he wants. And you dare not ask him to give back your documents because to do so will be interpreted as challenging him on his job and this will have serious consequences for you. And so the only way out is to propose an amount of money as a starting point for negotiating your liberty. (Interview, Mamfe, 23 January 2009)

The above indicates the precarious situation of Nigerian migrants in Anglo-phone Cameroon since unification, a situation that would have necessitated the return of many of them to Nigeria but for the political instability that characteri-zed Nigerian society in the three decades following independence. Consequently, the migrants preferred to seek new ways and strategies to adjust to the new con-ditions. These strategies are analyzed below.

Individual coping strategies of the Nigerian migrants

It is clear that since 1961 the position of Nigerian migrants has changed conside-rably in a legal and social sense. Given the change in their legal status, they have concentrated on formal and informal cross-border trading activities. Through their ethnic networks on both sides the border, they have maintained and streng-thened their already dominant position in trade and commerce that is allowed by the post-colonial state.

They group together on a village or clan basis to control the entire trading cir-cuit: The supply, transportation, declaration and distribution of goods. Such col-lective enterprising results in them incurring lower costs than their Cameroonian counterparts and they can set competitive prices for their goods. This strategy has enabled them to dominate the trade in cloth, cosmetics and pharmaceutical pro-ducts, automobile spare parts, household utensils, books and stationary, and elec-tronic equipment (Weiss 1998: 45; Konings 2009: 227). Some of their trading activities are illegal. These contraband activities are facilitated by the absence of strict border controls and the complicity of customs officers. The smuggling of highly subsidized Nigerian petrol known variously as *federal, funge or zoa-zoa* is a common practice and it is sold openly on the streets of all the major towns in the territory. Ironically, only *federal* is available in Ndian Division which is where Cameroon's own petrol comes from.

In agriculture, the Nigerian migrants excel in the production of certain food crops, especially two varieties of yams that were introduced into Cameroon by the migrants. As one of them put it, 'yam farming is very lucrative because the soil here is fertile and the price of yams is good. So I cannot complain except that some of the natives do not want to sell land to us preferring that we only rent it' (Interview, Muea-Buea, 15 January 2009). Nigerian migrants also produce cash crops such as coffee and cocoa.

Unlike in trade and agriculture, there are no restrictions on migrants in the fishery sector. This may be because, for reasons unknown, fishing in the territory is carried out exclusively by foreigners (Nigerians, Ghanaians and Beninese). Because of the relative lack of restrictions, some migrants have moved from trading to fishing. As one of them revealed, 'I used to be a highway transporter but when we were banned from the transportation business, I sold my two buses and bought three fishing boats and fishermen rent them for fishing' (Interview, Limbe, 3 May 2009). Thus, although excluded politically, Nigerian migrants cannot be said to be marginalized economically.

Apart from these general economic activities, migrants also have specific strategies to assist new arrivals in their efforts to settle and integrate into the Nigerian migrant community. These mechanisms are called 'settlement' and 'two-party'. 'Settlement' is the compensation paid to a 'boy' (employee) by a 'master' (employer) after a number of years of service. In this system, the new arrival is attached to an earlier migrant who employs, houses, feeds and takes care of all his needs but does not pay him any salary. It is only after a number of years agreed upon by both parties that the 'master' pays the 'boy' the agreed amount of money and then the boy leaves the master and starts his own business. In some cases, instead of giving money, the master starts a small business and hands it over to the boy.

The 'two-party' mechanism is a form of agricultural partnership between a landowner and a person who wishes to be a farmer but does not have land. The land-seeker goes into agreement with the landowner such that the former becomes a tenant and exploits the land on condition that a certain proportion of each season's produce goes to the landowner. This enables the tenant to accumulate money to eventually either buy or rent farmland for himself. It should be noted that both the 'settlement' and the 'two-party' systems are based on gentlemen's agreements and so honesty is a crucial element in the functioning of the systems.

These strategies ensure the smooth integration of newcomers into the local economy.

Anglophone Cameroonians acknowledge that the existence of Nigerian commercial activities makes a large variety of goods available to them at competitive prices, which is obviously advantageous in the current economic crisis. At the same time, there is a certain degree of envy of the continued Nigerian domination of the commercial sector, and the stereotyping behaviour thus continues. Nigerians are accused of being crooks, sorcerers and are said to deal in human body parts, especially sex organs. These are believed to be used in rituals to acquire supernatural business powers. Consequently, it is held that the success of Nigerians in commercial activities is not the result of hard work but of supernatural forces. It is speculated that the burning of the central market in Kumba (twice) in 1988 and that of Tiko in 2010 where about two-thirds of the stalls are owned by Nigerians was a manifestation of envy and widespread resentment against them.

Business acumen, 'settlement' and 'two-party' are important but do not provide solutions to the problems related to real estate and residence permits. How then do migrants cope with these problems? Concerning the issue of land ownership, it should be noted that the restrictions for migrants concern government policy. In practice, migrants can and do buy and own land and houses but they cannot legalize their ownership with the government. Especially early migrants and their descendants still own the houses they acquired during the days when ownership was not yet formalized.

At an individual level, migrants use various strategies to deal with the restrictive measures, such as going through middlemen to legalize their ownership, producing fake documents, purchasing Cameroonian identity cards, sending adult family members back home to avoid the burden of paying for a residence permit, keeping a low profile and ordering goods via the Internet and/or cell phones to avoid travelling, thereby reducing the chance of encountering the police and gendarmes. Female migrants may try to obtain Cameroonian nationality through marriage to a local man. Although this does not hold for migrant men, those married to Cameroonian women do benefit from a cheaper residence permit, and pay FCFA 60,000 for ten years instead of FCFA 120,000 biennially.

It should be pointed out that although official policy attempts to marginalize the migrants politically and to a certain extent economically, on the social level there is conviviality between the migrants and the local population. For example they migrants workshop in the same churches with the locals, participate in each other's ceremonies (birth, marriage, death), belong to the same financial mutual help associations (njangi groups), and intermarry. Without such cordial relations some of the migrant survival strategies like the two-party mechanism, and the buying and owning of land despite prohibitive government policy, would not have been possible. As attested by one of the migrants, 'I have many Cameroonian friends from all directions: Neighbours, choir members, Njangi members, and customers. I attend all kinds of ceremonies with them. In fact, I have no problem with the people, the only problem is the police and gendarmes' (Interviewed in Bamenda, July 12, 2009.)

Apart from these strategies at the individual or family level, migrants have also organized themselves to protect their interests at a more collective level through the Nigerian Union.

The Nigerian Union

The banning of tribal unions led to the creation of the Nigerian Union (NU). Although referred to as the Nigerian Union to give it an inclusive appearance, the composition of the NU is not so very different from that of tribal unions since it has a three-stage structure: National, state and local government area. All members belong to all three branches. The NU exists in all towns and areas in the territory where Nigerian migrants are found. According to officials at the Nigerian Consulate in Buea, about 70% of Nigerians living in the territory are registered members. The NU's goal is to protect, defend and promote the wellbeing of its members and it aims to ensure justice and the equal treatment of Nigerians in their dealings with each other and with the Cameroonian authorities.

The NU cooperates closely with the Consulate. It offers an official indication of the existence of significant numbers of Nigerian migrants in Anglophone Cameroon and, as such, both its constitution and the elections within its structures are legalized by the Nigerian Consular authorities in Buea. The Nigerian Consul General countersigns the NU's constitution and officiates at the investiture of all the newly elected branch executives. As an umbrella organization, the NU is better placed than individuals to protect the interests of migrants. According to an official at the Nigerian Consulate in Buea:

> The Nigerian Union is playing a very important role in protecting its members. It acts as a bridge between the Consulate and its members. When we receive complaints from the Union (and there are many) we take them seriously because they are more objective in presenting the facts than the individual concerned who may be biased in his/her presentation. Even so, we verify all complaints before acting. For instance, two weeks ago the president of the union in Mundemba phoned us at about 2 pm on a Friday and complained that one of his members had been arrested and was being detained by the police on false charges related to arms importation. We immediately contacted the Senior Divisional Officer who found that it was, in reality, a false accusation and he got the man released the same day. (Interview, Buea, 11 November 2009)

One of the migrants equally affirmed that 'the Nigerian Union is very important to us because through it we can easily get the authorities to listen and attend to our problems' (Interview, Tiko, 10 December 2009). As Nigerians are frequently harassed, the Nigerian Consulate keeps a record of all the complaints it receives against the Cameroonians authorities from migrants.

Following appeals from the NU, the Consul General has reached an agreement with local officials to accept payments in instalments for residence permits instead of insisting on a one-time single payment of the total cost of FCFA 120,000, which is too much for most migrants, and to honour receipts as proof of payment rather than argue that a receipt is not a permit. Furthermore, arrangements were made to stop harassing migrants at home at night and to respect the twenty-four-month duration of the permit before requiring its renewal. In addition, the NU has appealed to the Nigerian government through the Consulate to negotiate with the government of their host society for the mutual cancellation of the residence permit and the Nigerian government has effectively proposed this to the Cameroonian government, and is awaiting its reaction. The NU is a 'diaspora' instrument in the service of Nigerians living abroad and does not exist in Nigeria itself. The NU does not only function as a pressure group to protect the rights of Nigerian migrants, it also helps members to stay in contact with each other and to create a sense of belonging. By getting together regularly to discuss and exchange ideas, get news from home, chat and socialize, NU members are made to feel at home away from home.

Conclusion

This chapter has examined the relationship between transnational migration and marginality by using the example of Nigerian migrants in Anglophone Cameroon in both the pre- and post-independence periods. A first issue discussed was that not all persons who relocate transnationally are necessarily regarded as migrants and the Hausa/Fulani situation clearly shows this.

The main conclusions are situated in the changing relationship between Nigerian migrants in the legal sense and the local host population in Anglophone Cameroon. During the colonial period, especially when the Anglophone territory was being administered by Britain as part of Nigeria, Nigerian migrants played a dominant role socially, economically and politically in Anglophone Cameroon. Privileged by the colonial administration, Nigerians came to play an important role in Cameroonian society and the host population felt marginalized and viewed the migrants as foreign rulers. The local population agitated against this situation in several ways including the decision to vote for unification with French-speaking Cameroon rather than integrate with Nigeria.

Unification turned the Nigerian migrants into *de jure* foreigners. This led to the establishment of various discriminatory measures against them, thus making them feel marginalized at the socio-cultural and political levels. Economically, matters are different: Nigerian migrants still dominate the territory's local trade

and commerce and cannot therefore be considered to be marginalized economically.

The relevance of history when studying processes of marginalization and migration has been shown. The relationship between marginality and migration may
change, even in a drastic way and in this case, unification with French-speaking
Cameroon had far-reaching consequences. Marginality is also not a monolithic
concept as it comes in many forms. Here, change in political and social position
has been demonstrated, but economically speaking the relationship has remained
similar to that seen in the past. Such changing relations also lead to new strategies to cope with the situation.

References

AMAZEE, V.B. (1990), 'The 'Igbo scare' in British Cameroon c. 1945-61', *Journal of African History* 31: 281-293.

ARDENER, E., S. ARDENER & W.A. WARMINGTON (1960), *Plantation and village in the Cameroons*. London: Oxford University Press.

BANKOVSKAYA, S. (2000), 'Living in between: Social marginality and cultural diffusion in the post-imperial space'. www.rc.msses.ru/rc/Bliving.htm

BAKEWELL, O. (2008), 'The search of diasporas within Africa', *African Diaspora* 1(1-2): 5-27.

BENNFLA, K. (2002), *Le commerce frontalier en Afrique Centrale: Acteurs, espaces, pratiques*. Paris: Karthala.

BIHR, A. (1992), *Pour en finir avec le Front National*. Paris: Syros/Alternatives.

COHEN, A. (1969), *Custom and politics in urban Africa: A study of Hausa migrants in Yoruba yowns*. London: Routledge & Kegan Paul.

EBUNE, J.B. (1992), *The growth of political parties in Southern Cameroons 1916-1960*. Yaounde: CEPER.

CHEM-LANGHEE, B. (1976), 'The Cameroon plebiscites 1959-1961: Perceptions and strategies'. Ph.D. Thesis, University of British Columbia.

EYOH, D. (1998), 'Conflicting narratives of a post-colonial trajectory: Anglophone protests and the politics of identity in Cameroon', *Journal of Contemporary African Studies* 16(9): 268-271.

FISIY, C.F. (1992), 'Power and privilege in the administration of law: Land law reforms and social differentiation in Cameroon', Ph.D. Thesis, University of Leiden.

GWAN, E.A. (1975), 'Types, processes and policy implication of various migrations in West Cameroon', Ph.D. Thesis, University of California.

HOLLIFIELD, J.F. (1999), 'Ideas, institutions and civil society: On the limits of immigration control in France'. In: G. Brochmann & T. Hammar, eds, *Mechanisms of immigration control: A comparative analysis of European regulation policies*. Oxford: Berg, pp. 59-96.

JUREIDINI, R. (2003), *Migrant workers and Xenophobia in the Middle East*. Geneva: UNRISD.

KAH, H.K. (2009), 'Governance and land conflict: The case Aghem-Wum'. In: T.N. Fonchin-
gong & J.B. Gemandze, eds, *Cameroon: The stakes and challenges of governance and development*. Bamenda, Cameroon: Langaa Research and Publishing CIG, pp. 185-197.

KOFELE-KALE, N. (1980), 'Reconciling the dual heritage: Reflections on the 'Kamerun' Idea'. In: N. Kofele-Kale, ed., *An African experiment in nation building: The bilingual Cameroon Republic since reunification*. Boulder, CO: Westview Press, pp. 3-23.

KONINGS, P. (1993), *Labour resistance in Cameroon: Managerial strategies and labour resistance in the agro-industrial plantations of the Cameroon Development Corporation*. London: James Currey.

KONINGS, P. (2003), 'Religious revival in the Roman Catholic church and the autochthony-allochthony conflict in Cameroon', *Africa* 73(1): 31-56.

KONINGS, P. (2005), 'The Anglophone Cameroon-Nigeria boundary: Opportunities and conflicts', *African Affairs* 104(415): 275-301.

KONINGS, P. (2009), *Neoliberal bandwagonism: Civil society and the politics of belonging in Anglophone Cameroon.* Bamenda & Leiden: Langaa Research and Publishing CIG & African Studies Centre.

KONINGS, P. & F.B. NYAMNJOH (2003), *Negotiating an Anglophone identity: A study of the politics of recognition and representation in Cameroon.* Leiden: Brill.

MEEK, C.K. (1957), *Land tenure and land administration in Nigeria and the Cameroons.* London: HMSO.

MEHRETU, A. & L.M. SOMMERS (1998), 'International perspectives on socio-spatial marginality'. In: A.H. Jussila, L. Leimgruber & R. Majoral, eds, *Perceptions of marginality: Theoretical issues and regional perspectives of marginality in geographical space.* Brookfield, VT: Ashgate, pp. 135-145.

MEHRETU, A., B. W. PIGOZZI & L. SOMMERS (2000), 'Concepts in social and spatial marginality', *Geografiska Annaler* 82B(2) 89-101.

NGOH, V.J. (1996), *History of Cameroon since 1800.* Limbe, Cameroon: Presbook.

NYAMNJOH, F.B. (2006), *Insiders and outsiders: Citizenship and Xenophobia in contemporary Southern Africa.* Dakar: CODESRIA Books.

STALKER, P. (2000), *Workers without frontiers: The impact of globalisation on international migration.* Boulder, CO: Lynne Rienner.

WEISS, L.T. (1998) *L'Union Nigeriane du Cameroun: Le pouvoir d'une communauté accephale dans la Diaspora.* Paris: ORSTOM, PRODIG.

5

Les femmes hadjaraye du Guéra à l'école d'alphabétisation

Khalil Alio

Résumé
Trois années après l'indépendance du Tchad en 1960, la guerre civile éclata pour durer plus de trois décennies (1963-1990). La guerre civile avait commencé en 1965 à l'est du Tchad et vers 1966, elle avait atteint le centre du Tchad et en particulier la région du Guéra, région montagneuse propice à la rébellion. La région connut une violence extrême perpétrée à l'encontre des populations qui durent émigrer vers les régions voisines. Cela ne fait qu'ajouter à la position marginalisée de la région faite de sécheresse et de famine. Dans une telle situation, ce sont les femmes et les enfants qui souffrent le plus, à raison certes, car ce groupe passe le plus souvent pour victimes de ce genre de situation. Cet article présente le cas de Heloua une femme ayant subi les affres de la guerre mais qui a essayé de lutter contre l'adversité. Dans sa lutte pour surmonter les moments difficiles, l'alphabétisation a joué un rôle primordial.

Introduction

Pendant les moments éprouvants causés par la guerre civile ou la famine, ce sont généralement les femmes et les enfants qui souffrent le plus. Même si elles sont physiquement épargnées, les femmes sont psychologiquement affectées, car à travers ces épreuves, il peut arriver qu'elles perdent leur mari, leurs enfants ou leurs biens. Cela a malheureusement bien souvent été le lot des femmes du Guéra, forcées par ces facteurs de migrer, poussées ainsi vers des lendemains incertains, dans l'errance, dans la marginalité. Pour sortir de cette adversité, les femmes hadjaraye vont lutter avec acharnement pour conjurer le sort qui leur est imposé. La grande majorité de ces femmes provient d'origines diverses; elles viennent surtout de loin, mais leurs histoires se ressemblent: Si ce n'est pas la guerre civile qui a été la cause de leur départ du village, c'est la famine. Elles tenteront autant que faire se peut de survivre et relever les défis de la pauvreté. Prenons le cas de Heloua dont nous relatons ici l'histoire de vie poignante, depuis le jour où les forces de l'ordre ont attaqué son village jusqu'à son installation à Mongo et sa sortie de l'ornière. Dans cette lutte acharnée contre la fatalité, l'alphabétisation jouera un rôle primordial.

Heloua, sa vie et la guerre

La vie au village

Heloua est issue d'une famille paysanne. Avant de venir à Mongo, elle habitait un village distant de cette localité d'environ 60 km et appelé *Katalok*, ce qui, ironie du sort, signifie 'On t'a tué'. Il existe dans ce village une école primaire à cycle complet que la jeune fille fréquentait. Sa mère est ménagère comme toutes les femmes du village. En plus des tâches domestiques, elle cultivait ses propres champs d'arachide ou de sésame pendant la saison humide. Son père était un grand cultivateur reconnu dans la localité et même dans les villages avoisinants, car il récoltait en quantité abondante des céréales, notamment du millet et du sorgho blanc. C'est ainsi qu'il avait pu s'acheter du bétail grâce à.la vente de l'excédent de ces denrées.

Après l'école, pendant les jours de repos et surtout pendant les grandes vacances, Heloua aidait sa mère dans les tâches ménagères, comme aller chercher de l'eau au puits, ramasser du bois mort ou lui apprêter les ustensiles de cuisine et les condiments devant servir à la préparation de la nourriture. Alors que l'extraction de l'huile revenait à sa mère, Heloua devait aller cueillir des légumes poussant à l'état sauvage. C'est une activité à laquelle elle s'adonnait avec joie.

Comme la famille possédait du bétail, la tâche incombait à Heloua et son grand frère de conduire le bétail chez le berger de garde, c'est-à-dire la personne qui a la charge de mener tous les animaux du village au pâturage. Les villageois propriétaires de bétail s'étaient entendus de manière à ce que chaque famille conduise le bétail au pâturage, selon une certaine périodicité convenue d'un commun accord. Parfois Heloua amenait les veaux non loin du village, en compagnie des autres enfants.

Lors des cultures collectives, Heloua participait aussi avec sa mère et les autres femmes du village à la préparation de la bière locale et de la nourriture pour agrémenter le travail des cultivateurs. Ainsi Heloua et sa famille vivaient-elles dans la quiétude et la paix dans leur village.

L'attaque du village par les militaires et le voyage vers l'inconnu

Ce jour-là, certains villageois se préparaient à aller aux champs et d'autres faisaient sortir leur troupeau pour les confier au berger qui devait les conduire.au pâturage, quand tout d'un coup on entendit des coups de feu. Des militaires venaient d'arriver au village. Ils le quadrillèrent et se mirent à tirer dans tous les sens, abattant personnes et bétail. Heloua se trouvait encore dans la case avec ses parents et son grand frère. Ayant entendu les coups de feu, son grand frère et son père sortirent pour s'enquérir de la situation. C'est un réflexe que tout homme est enclin à avoir en pareilles circonstances. Mais dès qu'ils atteignirent l'entrée de la concession, ils furent abattus à bout portant par deux militaires qui avaient déjà pénétré à l'intérieur. On voyait partout des militaires dans les concessions cherchant les hommes pour les abattre. Heloua relate ce qui s'était passé ce jour-là:

> Nous étions tous dans la case de ma mère, car c'était la plus grande, mon frère, mon père et ma mère. J'étais en train de prendre mon petit déjeuner, s'il faut l'appeler ainsi, car c'était le matin et le premier repas que je prenais.
> C'était de la bouillie de mil que j'avais mélangée avec du lait fraîchement trait. J'entendis des détonations, quelque chose d'effrayant que je n'avais jamais entendu auparavant. Il y avait partout des tirs et beaucoup de bruit. C'étaient les militaires de Hissène Habré car nous étions au début de l'année 1988 comme ma mère me l'expliquera plus tard. Mon père sortit, talonné par mon frère. Ils allaient voir ce qui se passait dehors.

Aussitôt la mère de Heloua sortit pour voir ce qui se passait devant leur concession. Elle ne put que constater la mort de son fils et de son mari. Elle revint précipitamment dans la case, prit Heloua par la main, et elles sortirent du village en courant tout en cherchant à éviter les balles. Elles parvinrent à s'enfuir avec d'autres femmes qui avaient pu également s'échapper. Elles partirent droit devant elles, car l'essentiel était d'abord d'être hors d'atteinte des balles des militaires. Après avoir parcouru environ cinq kilomètres, elles s'arrêtèrent pour s'orienter, car elles étaient si perturbées par ce qui venait de se passer sous leurs yeux qu'elles en avaient perdu le sens de l'orientation. Elles ne savaient guère où elles se trouvaient. Heloua raconte les larmes aux yeux:

> Soudain, je vis ma mère entrer en courant dans la case complètement bouleversée, elle me prit brusquement par la main et m'entraîna dehors tout en courant. Je ne comprenais rien de ce qui se passait. Je voyais seulement d'autres femmes courir avec leurs enfants. Nous nous joignîmes à ce groupe qui ne faisait que s'accroître. Les enfants mêlaient leurs cris aux pleurs de leurs mères. C'est dans cette atmosphère lourdement chargée que nous avions continué à courir jusqu'à ce que nos mères s'arrêtent. C'est plus tard que ma mère m'apprit que mon père et mon grand frère avaient été tués par les militaires.

Comme d'autres femmes, la mère de Heloua n'arrêtait pas de pleurer, de crier; elle était hors d'elle-même, prise d'une crise d'hystérie. Quant à Heloua, elle ne faisait que trembler, car même à cette distance, on entendait les tirs et les tueries qui continuaient. Heloua ne comprenait rien à ce qui venait de se passer. Les femmes restèrent là ne sachant quoi faire: Repartir au village n'était pas possible, mais où aller ? se demandèrent-elles presque toutes ensemble. Il y avait parmi elles une vieille femme qui tentait de les calmer. Elle était la seule à maîtriser encore sa faculté de réfléchir. Elle usa de son calme et de sa sagesse pour arriver à les tranquilliser. Finalement les femmes s'arrêtèrent de pleurer, mais elles avaient toutes les yeux gonflés et le regard pensif; subitement ce fut le silence. Elles commençaient à mesurer l'ampleur de l'hécatombe. Leur destin venait subitement de s'écrouler. La vieille femme n'arrêtait pas de parler pour remonter le moral aux femmes. Heloua témoigne:

> Heureusement que parmi nous, il y avait une vieille femme du nom de Noussouana qui tentait sans cesse de calmer nos mères. Après avoir parcouru quelques kilomètres, elle nous demanda de nous arrêter pour nous reposer avant de continuer. Nous ne sommes même pas rendu compte de la distance parcourue. Elle a dû se rendre compte que nous avions trop couru. Elle a dû avoir pitié de nous. Elle s'employa à calmer nos mères. Nous les enfants, nous étions tellement.fatigués que nous ne pouvions plus pleurer.

Quand les femmes se furent toutes tranquillisées, certaines d'entre elles voulaient coûte que coûte rentrer au village, arguant qu'elles avaient abandonné maris et fils. Elles ne savaient pas ce qui était advenu à leurs maris et leurs fils, les filles ayant suivi leurs mères. Elles disaient qu'elles ne pouvaient pas abandonner aussi leur village et leur bétail. Il faudrait absolument rentrer pour constater la situation. La vieille le leur déconseilla vivement. Elle leur fit plutôt la suggestion d'aller dans un endroit sûr, d'aller en ville par exemple. Et à partir de là, elles auraient certainement des nouvelles des leurs quand la situation se serait calmée. C'est à ce moment seulement qu'elles pourraient décider s'il faudrait repartir au village ou non. Or la ville la plus proche était Mongo, à une distance d'environ 60 km. La vieille leur demanda d'aller toutes à Mongo. Les femmes finirent par acquiescer malgré elles. Alors sans plus tarder la vieille femme leur enjoignit de partir immédiatement. Les femmes et leurs enfants se mirent en route en direction de la ville. Quant à la vieille femme, elle leur dit qu'elle allait rentrer au village pour voir l'évolution de la situation et puis leur envoyer un émissaire qui les en informerait. Les femmes mirent trois jours pour y arriver. C'était le voyage vers l'inconnu. Heloua se rappelle encore ces durs moments:

> Pour nous les enfants c'était un véritable calvaire. Nous devions marcher des kilomètres et des kilomètres en plus de la soif et de la faim qui nous tenaillaient les intestins. Pour ce qui est de la soif, il y avait partout de l'eau dans la brousse. On pouvait facilement trouver de l'eau à boire comme c'était encore la saison pluvieuse. Mais pour calmer la faim, il fallait se contenter des légumes et quelque fois des fruits sauvages. Les femmes s'entraidaient pour porter les petits enfants qui ne pouvaient pas marcher sur de longue distance. On marchait un peu et puis on s'arrêtait pour se reposer. On faisait tout pour éviter les villages. Le premier village que nous avions atteint dans la périphérie de Mongo c'était Mondjino. C'était dans ces conditions que nous sommes finalement arrivées à Mongo.

La vie précaire à Mongo

Quand elles arrivèrent à Mongo, elles avaient toutes des sentiments mitigés. Elles pensaient être hors de danger, être désormais en sécurité, mais en fait c'était une sécurité 'surveillée' car leurs pensées étaient toujours tournées vers les leurs qu'elles avaient laissés au village. Les nouvelles qui parvenaient de là-bas étaient mauvaises, car les personnes qui avaient fui le village au dernier moment et qui s'étaient dirigées directement vers Mongo rapportèrent que les militaires l'avaient incendié avant de partir. Il n'y avait donc plus d'espoir.

La mère de Heloua ne savait quoi faire, elle ne savait par où commencer, car elle ne connaissait personne à Mongo. Elle n'avait jamais quitté son village depuis sa naissance et elle se retrouvait tout d'un coup dans une ville où règnent l'anonymat et l'individualisme. Elle était contrainte de recommencer sa vie à zéro. De quoi allait-elle vivre et où allait-elle se loger, se demandait-elle. Ses camarades d'infortune qui avaient des relations et des connaissances dans la ville l'abritèrent chez elles pendant quelques jours. Mais après cela, elle devrait se débrouiller toute seule. En cette période, la ville de Mongo n'était pas tellement grande. Alors, elle alla se promener aux abords de l'agglomération dans l'espoir de trouver un refuge. Elle alla même derrière la montagne qui surplombe la ville de Mongo, notamment dans les villages de Termel et Baldje. Mais l'idée d'habiter encore un village, fut-il loin de chez elle, lui rappela les événements arrivés au sien propre et elle écarta tout de suite cette idée. Elle parcourut tous les abords de la ville et arriva finalement à Sorgom qui se trouve à la sortie nord-est de Mongo, à côté de l'actuelle briqueterie. Cet endroit lui plut. Elle chercha les propriétaires des champs qui habitaient dans les parages. Elle en trouva un et lui expliqua son calvaire. Il la comprit et lui attribua une parcelle où elle pouvait habiter et cultiver. La question de la construction d'un abri se posa avec acuité. Elle ne perdit pas de temps; elle alla en compagnie de sa fille en brousse chercher de la paille et du bois. Elles revinrent et construisirent leur hangar. Ce jour-là, la mère de Heloua dormit tranquillement, car elle avait finalement son propre toit. Mais une autre question hantait toujours son esprit, à savoir celle de survivre.

Elle trouva tout de suite une réponse à cette question. Elle irait observer comment faisaient les autres femmes. Elle décida donc de défier cette fois-ci son destin. Elle allait se battre et ne se laisserait pas abattre. Elle se résolut donc à faire comme les autres femmes qui allaient en brousse chercher du bois mort ou des légumes poussant à l'état sauvage pour venir les vendre en ville. Heloua l'aidait également dans cette tâche. Ensuite, avec le peu d'argent provenant de la vente de ces produits, elle pourrait achetait du mil et de condiments pour leur nourriture, à elle et sa fille. Jusqu'ici son esprit n'était pas libre pour lui permettre de penser à l'avenir de sa fille qui grandissait. Comme leur revenu ne suffisait que pour leur nourriture, il était donc hors de question pour la mère de Heloua de penser à envoyer son enfant à l'école publique, car, même si elle est dite publique, les parents des enfants qui y vont doivent s'acquitter de la cotisation de l'association des parents d'élèves (APE). Quand la saison des pluies arriva, elles cultivèrent leur parcelle. Il plut abondamment cette année-là et elles eurent une très belle récolte. Heloua se remémore les souvenirs de leur souffrance:

> Nous avions trop souffert à Mongo, car il fallait d'abord chercher où se loger et de quoi se nourrir. Des camarades de ma mère nous avaient offert un abri mais c'était de courte durée. Mais grâce à la détermination de ma mère nous avions pu finalement nous installer et nous débrouiller tant bien que mal pour survivre. Nous avions observé, puis imité, les autres pau-

vres comme nous, mais qui arrivaient quand même à vivre dans la ville. C'est ainsi que de la vente des légumes sauvages et du bois nous sommes passées à la vente des céréales. Pendant que ma mère allait chercher du mil, je restais pour vendre au détail, car nous avions pu nous procurer une petite place au marché. D'un hangar de paille, nous avions pu construire deux chambres en terre battue couvertes de chaume.

La création d'un groupement

Entre-temps, la mère de Heloua est devenue une citadine. Son commerce lui a permis de faire la connaissance de plusieurs femmes, car elle a diversifié son commerce en plus de la vente des légumes et du bois. Elle prenait à crédit deux ou trois sacs de mil et les vendait au détail. Elle remettait au créancier le prix d'achat des sacs et gardait le bénéfice pour elle. Pendant que Heloua et sa mère luttaient pour survivre, sa mère avait constaté que des femmes qui auparavant étaient dans la même condition qu'elle et qui avaient créé des groupements s'en sortaient mieux. Alors elle s'informa auprès de ces femmes pour savoir comment elle pourrait former elle aussi un groupement. Forte de l'information qu'elle obtint, elle prit contact avec une dizaine de femmes de son quartier et ensemble elles créèrent un groupement qu'elles dénommèrent Al-Istifac 'l'Entente'. La mère de Heloua fut désignée présidente par ses camarades comme l'évoque Heloua:

> Ayant vécu maintenant à Mongo pendant plusieurs années, le village étant resté comme un mauvais souvenir, nous étions devenues de vraies citadines. Le cercle de nos connaissances s'est également élargi. Ma mère surtout connaissait beaucoup de gens, en particulier des femmes qui l'avaient mise en contact avec d'autres. Elle les entendait parler d'association ou de groupement, mais ne comprenait rien à cela. Un jour, elle fut invitée par une de ses camarades pour assister à une réunion d'un groupement. Quand elle revint à la maison, je voyais qu'elle était fascinée par ce qu'elle avait vu ou entendu lors de cette réunion. Elle prit tout de suite la décision de créer elle aussi un groupement. Elle m'informa de sa décision. Elle chercha des femmes commerçantes avec qui elle s'entendait et ensemble elles créèrent leur groupement qu'elles dénommèrent Al-Istifac c'est-à-dire Entente. Ma mère fut désignée comme présidente de ce groupement.

La mère de Heloua présidait désormais un groupement. C'était une association qui s'occupait de la vente de viande boucanée. Ses activités consistaient à vendre de la viande coupée en lanières puis séchée, appelée communément 'Sharmout' en arabe dialectal. Mais tout de suite elles s'étaient heurtées à un problème de taille: Comment se procurer de la viande dans la mesure où aucune d'entre elles ne possédait ni de l'argent liquide ni un animal à égorger. Elles optèrent pour l'achat d'un bœuf car la viande d'ovin ou de caprin séchée s'amincit considérablement. Elles se rendirent à l'association mère qui pourrait les avaliser pour un prêt à la caisse de la coopérative. Elles réussirent à obtenir l'aval de l'association et la coopérative accorda à chacune d'elles 10 000 FCFA, ce qui faisait au total 100 000 FCFA. Sans plus tarder, elles achetèrent un jeune bœuf à 70 000 FCFA et placèrent les 30 000 FCFA restant dans un compte ouvert à cet effet à la caisse de la coopérative. Et elles se partagèrent les tâches. Une fois le bœuf égorgé et découpé, un groupe d'entre elles se mettrait à couper en lanières la viande et la ferait sécher au soleil. L'autre groupe aurait pour charge de vendre la viande au marché, en gros ou au détail, en fonction de la demande.

Après des débuts très difficiles, peu à peu le groupement a fonctionné. Il est arrivé à minimiser les difficultés. Les bénéfices que les femmes engrangeaient, elles les divisaient en deux: Elles se partageaient une partie et plaçaient l'autre partie à la Caisse. Leur activité a évolué car elles pouvaient écouler la viande séchée non seulement à Mongo mais également dans les villes environnantes et même à N'Djaména. Les femmes du groupement sont fières d'avoir réussi, car grâce à cette activité elles pourront aujourd'hui subvenir à leurs besoins, à savoir manger et envoyer leurs enfants à l'école. On voit les yeux de Heloua briller quand elle évoque son aventure. On sent qu'elle a vraiment changé: Elle a pu acheter des habits et même des produits cosmétiques pour entretenir son corps et celui de ses enfants. Car entre-temps Heloua s'est mariée et a eu deux enfants Elle disait qu'avant elle n'avait que de vieux habits qui ressemblaient presque à des haillons: Un voile rapiécé, un pagne délabré et une robe déchirée qu'elle a soigneusement rangés dans un coin de sa maison. Elle faisait remarquer cela avec une certaine amertume. Mais c'est le passé; elle disait que désormais elle travaillerait d'arrache-pied pour ne plus retomber dans la situation de pauvreté qu'elle avait connue. Elle pense même à faire du commerce toute seule, quand elle aura suffisamment économisé de l'argent. Et Heloua d'ajouter:

> Le groupement que ma mère avait créé avec d'autres femmes a eu du succès. Moi-même j'étais membre dès sa création. Après quelques années, comme ma mère ne pouvait plus diriger le groupement à cause de ses diverses activités, ses camarades m'avaient demandé de prendre la tête car j'étais la moins âgée et elles avaient pensé que je pourrais mener à bien le groupement. Le groupement s'était agrandi et nous devions le redynamiser. C'est ainsi que nous avions pensé à créer une composante 'alphabétisation' pour former les membres de notre groupement à l'exemple d'autres groupements.

L'école d'alphabétisation

Confortées par leur succès, comme le dit Heloua, les femmes du groupement Al-Istifac n'en restèrent pas là. Elles ont cherché à diversifier leurs activités: Elles créèrent un centre d'alphabétisation pour apprendre à lire, écrire et calculer. Elles firent de l'alphabétisation dans le sens inverse: Elles apprirent d'abord la langue française, ensuite leurs langues maternelles. On peut s'apercevoir que leur sentiment de fierté s'est accru. Elles sont émerveillées par la capacité acquise de lire, écrire, pouvoir identifier leurs noms et ceux de leurs proches. Ne plus dépendre de quelqu'un. Elles le disaient elles-mêmes, apprendre à lire leur permet de développer leur intelligence, d'avoir une ouverture sur le monde, de.préserver leur histoire et leur culture, etc.

Photo 5.1   Le temps d'apprende est arrivé

Cependant étudier à l'âge adulte n'est pas chose facile du point de vue péda-
gogique, car l'adulte n'a pas la même capacité de mémorisation. Cela s'avère encore plus difficile pour les femmes qui sont confrontées à d'autres obligations,
dont les tâches ménagères, qui occupent tout leur temps. Elles s'arrangent tout de
même pour réserver du temps pour l'alphabétisation. Le choix du lieu et les ho-
raires d'apprentissage sont fixés d'un commun accord avec les apprenantes, en
fonction de leur disponibilité. Cependant tout dépend de leurs motivations. Ces
femmes sont de toute évidence motivées, car malgré les conditions déplorables,
elles veulent apprendre. Leur attitude reflète fidèlement l'échelle des attitudes
langagières généralement adoptées par un apprenant et qui d'habitude motivent
l'apprentissage d'une langue. Cette échelle comporte deux raisons principales
selon Cummings (1978): '*instrumentale*' et '*intégrative*' correspondant aux motifs fondamentaux d'apprentissage d'une langue. La raison *instrumentale*
s'explique par le désir d'obtenir une meilleure éducation à travers cet apprentissage. L'acquisition d'une deuxième langue est considérée comme un objet qui
n'est pas nécessairement mis en valeur en tant que tel, mais plutôt comme un
parchemin pour atteindre un objectif, à savoir, le prestige et le succès. Quant à la
raison *intégrative*, elle s'explique par le souhait de l'apprenant d'avoir une ample

connaissance de la culture de la communauté dont il apprend la langue. Le comportement de ces femmes se justifie surtout par la motivation *instrumentale*, à savoir celle d'apprendre une langue pour atteindre un objectif. Ces femmes veulent apprendre à écrire, lire et compter pour être utiles d'abord à elles-mêmes, à leurs familles et enfin à la société.

Elles sont mues par une volonté d'apprendre certaine, car quand approche l'heure du cours, on les voit déboucher de tous les coins du quartier. Elles sont de tous âges confondus, adultes et jeunes filles qui n'ont pas eu la possibilité d'aller à l'école formelle à cause des contraintes sociales. Elles arrivent avec un bébé ou accompagnées de leurs enfants.

Elles s'asseyent toutes sur des nattes en plastique fournies par le groupement. Elles ont demandé à apprendre d'abord le français. Une fois qu'elles auront maîtrisé la langue française, elles pourront apprendre leurs langues maternelles. Pour elles la promotion sociale passe nécessairement par l'alphabétisation et surtout par la connaissance de la langue française. Dans chaque quartier, il existe généralement deux types d'association, celle ayant trait uniquement à l'alphabétisation et celle aux activités génératrices de revenus. Ces femmes étudient dans une atmosphère empreinte de cordialité et d'amitié. Elles suivent attentivement le moniteur ou la monitrice qui leur dispense le cours.

Les événements survenus au village qui ont changé le destin de Heloua en l'empêchant de poursuivre son instruction normalement, lui ont aussi fait trouver ici l'occasion pour parfaire son éducation. Elle se mit au travail et étudia avec entrain. Grâce aux cours d'alphabétisation, elle se présenta au concours du BEPC et réussit ! Cette réussite encouragea les autres jeunes femmes qui, comme elle, n'avaient pas eu l'occasion d'aller à l'école traditionnelle à cause des pesanteurs sociales ou de la rébellion. Portée par son succès, Heloua devint un leader plutôt qu'une simple présidente d'un groupement, car elle sillonnait les villages de son canton pour conscientiser les autres femmes. Etant alphabétisée et à titre de présidente, elle avait suivi une formation dans le cadre de la gestion administrative et financière de son groupement. Elle avait aussi été élue comme vice-présidente de l'association mère. Elle était devenue une autodidacte, car après avoir obtenu son BEPC, elle eut plus d'ambition. Elle acheta des livres et des dictionnaires, lisait beaucoup. Elle participait à des réunions pour apprendre à débattre en français. Cette détermination fut payante. Heloua a fait sienne la citation suivante de Condorcet qui dit: 'en continuant l'instruction pendant toute la durée de la vie, on empêchera les connaissances acquises de s'effacer trop promptement de la mémoire'.

Par ailleurs, lors des dernières élections législatives beaucoup de candidats l'avaient sollicitée pour les aider dans leur campagne. Elle avait été remarquée par tous les candidats mais un seul a pu la convaincre pour qu'elle le rejoigne.

Elle ne voulait pas faire de la politique car disait-elle, c'est la mauvaise politique qui avait tué son père et son frère.

Certes Heloua revient de loin mais maintenant elle a acquis une certaine importance et notoriété; elle est membre du directoire de campagne de son candidat. A ce titre elle doit non seulement faire campagne dans son propre village mais aussi sillonner tout le canton dont elle émane. Elle le fera avec une certaine habileté et aisance, d'autant plus qu'elle sait s'exprimer aussi bien dans sa langue maternelle, en arabe local qu'en français. Elle a mené à bien sa campagne de sorte que son candidat fut élu avec une majorité écrasante. Cela lui valut une certaine popularité au-delà de son canton. Elle commence d'ailleurs à nourrir des ambitions. Le virus de la politique l'a atteinte. Devenir un jour candidate aux législatives! Pensant à son passé et mesurant le chemin qu'elle a parcouru Heloua dit ceci:

> Nous avons souffert, nous nous sommes battues et nous avons finalement réussi. Même si aujourd'hui je suis devenue une personnalité qu'on sollicite partout, qu'on consulte, bref qu'on respecte, c'est grâce au courage de ma mère et surout à l'alphabétisation. J'ai appris que savoir lire est une libération et un pouvoir pour une femme. Je continuerai la lutte dans ce sens dans l'intérêt de nos filles et nos sœurs.

Ainsi que l'a si bien exprimé Heloua, c'est grâce à l'alphabétisation qu'elle a réussi. L'alphabétisation pourrait justement jouer un rôle déterminant dans l'autonomisation des femmes qui ont en fait pris conscience de ses bienfaits, telle qu'elle se présente ci-dessous.

Autonomisation des femmes par le processus d'alphabétisation

Le manque d'instruction affecte sérieusement le revenu des ruraux, notamment des femmes qui représentent une bonne part de la main d'œuvre agricole dans les ménages. Des études économétriques révèlent que l'éducation des femmes renforce la productivité agricole. En effet, elle accroît leur réceptivité aux technologies nouvelles et rend plus probable l'adoption de ces innovations par d'autres femmes.[1] Cette assertion confirme les déclarations des appuyeurs qui estiment que l'analphabétisme limite les capacités des femmes à tirer meilleur profit de l'évolution des technologies, des marchés, etc.

Les organisations féminines du Guéra ont aussi constaté que l'analphabétisme les limite dans leurs actions. C'est un véritable handicap, car il compromet et amenuise la volonté des femmes d'agir et d'être autonomes vis-à-vis des hommes qui leur prêtent service pour la rédaction des textes statutaires et réglementaires. Ces intermédiaires masculins compromettent sérieusement l'indépendance et la

---

[1] Banque mondiale: Rapport n° 16.567-CD. Tchad 'évaluation de la pauvreté. Les obstacles au développement rural, 1997'.

Photo 5.2 Les femmes hadjaraye ont décidé de faire face au défi de l'analphabétisme

liberté des structures féminines et de leurs membres. C'est ainsi que chaque association, chaque groupement a pris le soin de créer une composante alphabétisation au sein de son organisation pour former ses membres. A part la volonté de se libérer de la tutelle masculine, les motifs et pratiques d'alphabétisation observés varient largement selon les organisations. Les motifs vont de la simple possibilité accordée aux femmes d'apprendre à lire, à écrire et/ou à calculer, à la maîtrise des outils de gestion organique ou comptable de leurs organisations respectives.

En tout état de cause, on peut penser avec raison que les femmes réunies dans les organisations de base peuvent par un processus d'alphabétisation s'émanciper et autonomiser leur organisation.

L'alphabétisation, appelée aussi andragogie ou éducation des adultes, a pour but d'apprendre à lire, à écrire et compter aux adultes et jeunes qui n'ont pas eu la possibilité de fréquenter l'école formelle. Mais pour l'UNESCO:

Les définitions de l'alphabétisation doivent aussi prendre en compte d'autres connaissances, l'aptitude à résoudre des problèmes et à lier des faits relevant de la vie quotidienne. Réunies, les compétences éducatives fondamentales, estime-t-on, doivent permettre à chacun de se prendre en charge et de trouver sa place dans un monde en rapide changement. Elles devraient favoriser l'autonomie individuelle et la réponse de chacun aux problèmes ou aux choix qui s'imposent à lui dans la vie, que ce soit comme parent, comme travailleur ou comme citoyen, et ce sont elles qui, pense-t-on, ont pour fonction d'ouvrir et de filtrer l'accès à l'emploi et à la promotion sociale dans tous les pays.

Ce qui précède suppose qu'il faut nécessairement prendre en compte les deux types d'alphabétisation, à savoir l'alphabétisation proprement dite, c'est-à-dire de compétence de base, et l'alphabétisation fonctionnelle qui est plutôt axée sur les professions ou métiers que l'apprenant(e) exerce. Mais on ne peut passer à l'alphabétisation fonctionnelle que si l'on est déjà alphabétisé, sachant déjà lire, écrire et compter.

Au Guéra, on avait commencé d'abord par l'alphabétisation de base, c'est-à-dire apprendre à lire, écrire et compter aux adultes et aux jeunes, parce que la majorité des adultes et certains jeunes n'a jamais appris à lire ou à écrire et encore moins à compter. Celle-ci se faisait principalement en langues maternelles. La phase suivante est celle de la transition vers une langue seconde, à savoir la langue française. Ce n'est qu'après avoir suivi ces deux étapes qu'on pourra passer à l'alphabétisation fonctionnelle. Celle-ci s'appuie sur des manuels élaborés portant sur différents thèmes, ethnographiques, culturels, sanitaires, agricoles, pastoraux, d'hygiène, bref sur le développement. Ces manuels qui sont des supports de lecture permettent également aux nouveaux alphabétisés de ne pas retomber dans l'analphabétisme de retour. L'alphabétisation est offerte à ceux qu'on appelle '*les exclus ou les marginaux d'une éducation de qualité*', qu'ils soient hommes ou femmes, mais la proportion des femmes qui participent aux cours d'alphabétisation est plus importante par rapport à celle des hommes.

Les organisations féminines bénéficiaires sont en général celles qui sont peu scolarisées, déscolarisées ou pas du tout scolarisées. Celles-ci ont des motivations diverses qui sont fortement liées au contexte. En effet, malgré la diversité des incitations, le dénominateur commun reste la capacité de lire, d'écrire et de calculer. Précisément, celles-ci souhaitent:

- lire les ordonnances et les notices de médicaments, notamment pour leurs enfants;
- lire la Bible ou le Coran. Ce qui les porterait à un niveau de considération dans leur milieu religieux;
- tenir et/ou comprendre leurs comptes et ceux de leur organisation;
- écrire à des parents ou à l'administration ou remplir des formulaires sans être obligées de s'adresser à un intermédiaire.

Quant à la langue d'alphabétisation, les avis sont diversifiés:

- Certaines voudraient être alphabétisées en français;
- D'autres voudraient une alphabétisation dans leur langue de plus grande compétence;
- Enfin, il y a celles qui souhaitent être alphabétisées pour des raisons d'indépendance, de discrétion et de liberté.

Photo 5.3 Les femmes hadjaraye se sont appropriées la technologie de savoir lire et écrire

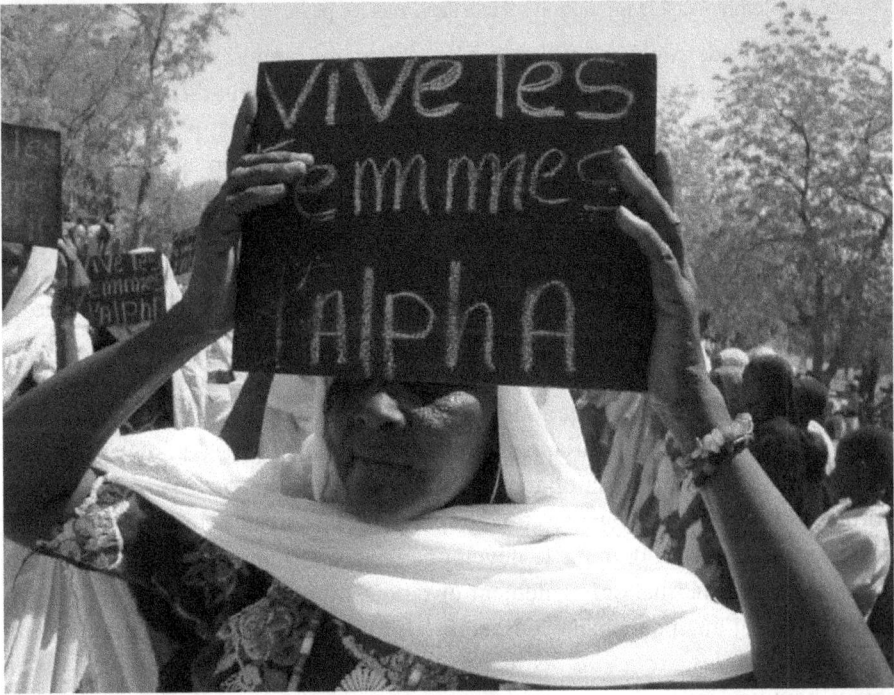

Les données statistiques sur l'éducation sur le Guéra

Les données statistiques sur le Guéra sur le plan de l'éducation sont les suivantes: Enseignement primaire: Garçons 18%, filles 12%; secondaire: Garçons 8%, filles 2%. Alphabétisation: Hommes 47%, femmes 53%.[2] Il ressort de ces données statistiques sur l'éducation au Guéra que le taux de scolarité des filles est moindre par rapport à celui des garçons aux deux niveaux d'enseignement, à savoir primaire et secondaire. Par contre, en alphabétisation, la tendance s'est renversée. Plus de femmes fréquentent les cours d'alphabétisation que les hommes. Ceci est un indicateur de l'engouement des femmes pour améliorer leur statut sur le plan d'apprentissage. Le taux de scolarité des filles qui est de 12% pour le primaire est très important pour la région si on la compare avec les autres régions de la zone septentrionale.

Selon les propos du délégué à l'Education nationale au Guéra,[3] il y a des déperditions très importantes pour les deux sexes. Sur les 101 193 élèves, seulement 4 968 arrivent à finir l'école primaire et seulement 1 974 atteignent le lycée

---

[2] Direction d'Analyse et de la Prospective/MEN 2009.
[3] Lors de l'émission Dari organisée par l'ONRTV à Mongo en 2011.

dans le secondaire. Le délégué explique ce décalage par la mauvaise qualité de l'enseignement. Il y a certes une part de vérité. Mais il faut ajouter à cela deux autres facteurs: Les pesanteurs socioculturelles qui font que les déperditions sont plus importantes chez les filles que chez les garçons et surtout la pauvreté ambiante des parents et partant de la région. C'est ce qui explique le fait que très peu d'élèves du Guéra atteignent l'enseignement supérieur, et moins encore chez les filles.

Force est de constater donc que depuis l'indépendance du Tchad aucune femme du Guéra n'a été nommée ministre, c'est-à-dire *de facto* chef de file de la région, à l'instar de ce qui s'est déjà fait dans d'autres régions du Tchad. Cela est dû peut-être à la complexité de la politique du Guéra qui fait qu'une femme a très peu de chances d'accéder au poste de ministre. En effet la politique du Guéra est trop agressive, partant exclusive. Les femmes hadjaraye ont certes occupé les postes de directrice, de directrice générale et même de conseillère à la présidence de la République mais jamais de ministre.

Conclusion

La guerre civile qui s'est installée dans la région pendant une trentaine d'années et les sécheresses qui y sévirent avec pour conséquences des famines, ont forcé les Hadjaraye à quitter leurs terroirs. Dans la foulée, l'exode des femmes, maillon faible de la société hadjaraye, les a conduites vers les centres urbains pour rejoindre leur mari ou toutes seules, à la recherche de la sécurité. Arrivées à la ville, elles se sont trouvées confrontées à d'énormes difficultés. Pour renverser la tendance, les femmes allaient créer des groupements avec pour objectif d'avoir des revenus afin de survivre. Dans le but de lutter contre l'analphabétisme qui sapait leurs actions, elles décidèrent d'aller à l'école d'alphabétisation, soit pour apprendre à lire, à écrire et à compter comme à l'école primaire, soit pour parfaire leur éducation. Cet article s'est penché sur le rôle qu'ont joué les deux stratégies, à savoir le groupement et l'alphabétisation, pour changer le destin des femmes. Le groupement est une passerelle qui permet d'atteindre l'étape de l'alphabétisation qui ouvre des portes. Le parcours de Heloua et de sa mère est très édifiant. Les deux techniques de survie illustrent les formidables possibilités qu'elles ouvrent aux femmes. Heloua n'aurait jamais imaginé devenir une femme instruite et populaire. Cette instruction lui a ouvert les portes de la politique. Reste à elle maintenant de changer le destin de sa région.

Références

ALIO, K. (2008), *Conflict, mobility and language: The case of migrant Hadjaraye of the Guéra in neighbouring Chari-Baguirmi and Salamat (Chad)*. Leiden: African Studies Centre, ASC Working Paper 82.

DAPRO/MEN: DIVISION DE LA STATISTIQUE SCOLAIRE (2009), N'Djaména: Ministère de l'Education nationale.
DE BRUIJN, M. (2006), 'Neighbours on the fringes of a small city in Post-War Chad'. In: P. Konings & D. Foeken, eds, *Crisis and creativity: Exploring the wealth of the African neighbourhood*. Leiden: Brill, pp. 211-230.
MBAÏOSSO, A. (1990), *L'Education au Tchad: Bilan, problèmes et perspectives*. Paris: Khartala.
RAPPORT DE SUIVI DES OBJECTIFS POUR LE DEVELOPPEMENT, DOCUMENT DE TRAVAIL (2005), Observatoire de la Pauvreté, N'Djaména: Ministère de l'Economie, du Plan et de la Coopération.
RAPPORT MONDIAL SUR LE DEVELOPPEMENT HUMAIN AU TCHAD. PARTENARIAT GOUVERNEMENT – SOCIETE CIVILE (2000), MPED/PNUD.
RAPPORT MONDIAL SUR LE DEVELOPPEMENT HUMAIN (2002), Approfondir la Démocratie dans un Monde Fragmenté. PNUD.

6

From foot messengers to cell phones:
Communication in Kom, Cameroon,
c. 1916-1998

Walter G. Nkwi

Abstract

This paper explores the history of foot messengers and the introduction of cell phones in Kom, a marginal area in northwestern Cameroon. The process of marginalization in Kom was due not so much to the absence of the state but rather to the lack of developmental projects organized by the state. While state control in the form of taxation, bureaucratic measures and police presence influenced the region's history, state services – such as educational and health institutes, infrastructure and development projects – were only brought to the region on an extremely limited scale. Such services by and large rested in the hands of private initiative. The paper uses the model of Das & Poole's idea that marginalization is not only a matter of the absence of the state but also of the nature and quality of state interventions. Using archival works, interview and secondary data the chapter contends that, contrary to popular beliefs that the cell phone has brought development to Africa, the cell phone has in reality increased the misery of many and, in this, is not dissimilar to the colonial programme of foot messengers.

Introduction

The state is always unstable. This is a feature best seen when one moves away from the centre. It is at the fringes of the state, in its margins, where law and order continually have to be re-established. Das & Poole (2004: 3-33) have shown three main ways in which the margins of the state can be imagined. Firstly, they are seen as areas that are yet to be penetrated by the state, and secondly they are considered as 'spaces forms, and practices through which the state is continually both experienced and undone through the illegibility of its own practices, documents, and words'. And finally the margins of the state are viewed as 'space between bodies, law and discipline'. This chapter critically engages with this framework of marginality and the state and examines the history of foot messengers and the introduction of cell phones in Kom, a marginal area in northwestern Cameroon. The process of marginalization in Kom was due not so much to the absence of the state but rather to the lack of developmental projects organized by the state. While state control in the form of taxation, bureaucratic measures and police presence influenced the region's history, state services – such as educational and health institutes, infrastructure and development projects – were only brought to the region on an extremely limited scale. Such services by and large rested in the hands of private initiative. This in itself qualifies Das & Poole's idea that marginalization is not only a matter of the absence of the state but also of the nature and quality of state interventions.

My conclusion may best be stated at the outset. Foot messengers and cell phones were introduced to Kom during the colonial and post-colonial periods and were at this time to ensure the 'development' of the region. Yet, these new ICTs in the final analysis only accentuated the marginality of Kom by reinforcing and increasing existing hierarchies. This point ties in with the broader discussions on ICTs and development. The chapter contends that, contrary to popular beliefs that the cell phone has brought development to Africa, the cell phone has in reality increased the misery of many and, in this, is not dissimilar to the colonial programme of foot messengers.

Certain reasons were fundamental in the choice of the study area. Kom was chosen because it appears to represent marginality and mobility in the Bamenda Grassfields and is also one of the largest Fondoms. And as my roots lie in the Kom area, I could converse easily with the informants in the study and did not need to have interviews translated. I was also already familiar with many of the region's historical and cultural aspects. This not only facilitated my research in a practical sense but also allowed a view 'from inside'.

The chapter starts with contextual information by situating the Kom region and providing a brief historical overview. This is followed by sections on flag post relay runners in Cameroon Province, the relay mail runners in Kom and Native Authorities messengers who were an expansion and consolidation of the flag post relay runners by the British Authorities. They were people employed by the British colonial administration who delivered summons and mail on foot. The final section discusses the introduction of the cell phone in this region which, like the arrival of colonialism in Africa, was never the initiative and invitation of Africans. The cell phone has been an offshoot of globalization, which was meant to reduce the world to a global village and speed and distance have been compressed due to conduits like the Internet and the cell phone. More concretely, foot messaging was introduced to Africa as part of the colonial enterprise and did not belong to the sphere of African initiative. To the contrary, it served to support the colonial state in its bureaucratic structures and also even included missionaries.

In a very different manner and context, the cell phone was also introduced to Africa from outside. As both foot messaging and cell phone belonged to the realm of communication technologies, we may try to establish how differently or similarly they were appropriated by Africans. In both cases, speed was a factor: The foot messengers were always running while on errand and the cell phone stands as a symbol of speed and immediacy.

The Kom region

Kom is located in the Northwest Region in part of the Bamenda Grassfields in Cameroon.[1] A plateau covered with savannah vegetation as opposed to the forest regions of Cameroon was the reason why the Germans called the region the

Map 6.1 Bamenda grassfields showing the location of Kom

Source: Aaron Neba, *The Geography of Cameroon*
           (London: Macmillan, 1984)

---

[1] This contribution uses the word Kom but the area is sometimes referred to as Bikom, Bekom Bamungkom or Nkom in other studies.

Map 6.2   Kom Fondom showing its neighbours, villages and
sub-chiefdoms

Source: Adapted from E.M. Chilver & P.M. Kaberry, 'The Kingdom of Kom,
West Cameroon'. In: D. Forde & P.M. Kaberry, eds, *West African
Kingdoms in the Nineteenth Century* (London: Oxford University Press,
1967, p. 170).

Bamenda Grasslands. Politics in the Grassfields are organized around chiefdoms, each led by a Fon and most of these grew out of aggressive politics of inclusion and exclusion through warfare that led to the subjugation of weaker neighbours by more powerful ones. They were characterized by clear socio-political hierarchies related not only to status but also to kinship relations or lineages. The existing studies of the region mainly focus on the formation of the Fondoms and the history of political hegemony and social organizations. Kom is the second largest Fondom after Nso in the Bamenda Grassfields.[2] Nkwi (1976) presents a detailed study of the ethnography and geography of the Kom region.

---

[2]   See Chilver & Kaberry (1967); Argenti (2007) & Rowlands (1979).

Like other parts of the Bamenda Grassfields, Kom never benefitted greatly from the development projects run by the Cameroonian government. It has always remained on the fringes of state development and in this sense came to belong to what Das & Poole (2004) call the 'margins of the state'. These areas are often depicted as marginal by outsiders and also by the people from them who view themselves as being marginal and regard state representatives as the dominant others. Such marginality comes in various forms and may be related to geography, economy, the social sphere and/or politics. In many current interpretations, marginality seems to imply being 'cut off', yet people in marginal areas have always been part of networks, including people living nearby and people in regions far beyond the area's borders. Geographical mobility frequently links these people to the centre of affairs and this holds too for people of the Kom Fondom as the following introduction will make clear.

A colonial history of Kom (1884-1961)

The colonial history of Kom can be conveniently divided into the German (1884-1916) and British (1916-1961) periods.

The German period
Cameroon became a German colony on 14 July 1884 when Germany took power in Bamenda. With free labour and food supplied by the Fon, a road was constructed in 1908 that allowed horse-drawn wagons from Bamenda to reach Kom. Despite this new method of transportation, German rule did not immediately take root in the Kom Fondom as Kom resisted German penetration during a war in 1904-1905 although it ended in a truce and the Fon of Kom finally accepted German rule.

Apart from constructing the road between Bamenda and Kom, the Germans did not do much in terms of development in the area. German rule did, however, force groups of people into new patterns of mobility and many people were employed as porters and soldiers in the German army. During the First World War, Kom men were recruited by the German army and sources indicate that these soldiers, porters and other labourers in German service came to be regarded as a separate social class. The German period in Cameroon was short lived when Germany lost the First World War and the French and British partitioned Cameroon. Under the League of Nations it was known in the international parlance as a mandated territory. The Bamenda Grassfields became part of the British section.

The British period

When Britain and France partitioned the area, France, which had obtained 80% of the territory, administered its portion as part of French Equatorial Africa, while Britain integrated the British Southern Cameroons into the eastern provinces of Nigeria with Enugu as its capital city. The territory was re-organized in 1949 and divided in two: Cameroon Province and Bamenda Province, with Kom becoming part of the new Bamenda Province. The British Southern Cameroons became an autonomous region in 1954.

In line with the British system of indirect rule, the Fons were given a relatively powerful position within the colonial system. In 1922, the British created a system of Native Authorities (NA) in the most densely populated areas of the Cameroon Province where the Fons were charged with collecting taxes and assisting the British administration. By introducing such a policy, the British effectively circumvented the terms of the League of Nations Mandates that forbad using the indigenous population as a labour force. Apart from labour recruitment, taxation also proved an extra burden on the population. Since the mainstay of the economy was subsistence agriculture, many Kom people had to move in search of money to pay taxes. The Fon of Kom was considered one of the Native Authorities and in this capacity levied taxes and recruited labour.

The first schools were opened in the region at this time. A Native Authorities school in Kom produced pupils who were later recruited into the administration as interpreters, translators and messengers who facilitated the colonial administration. Christianity was slowly gaining a foothold too despite being initially resisted by the people in the region. In 1928 the first high school in the Bamenda Grassfields was opened in Kom, with pupils being taught up to Standard Six. People from the entire Grassfields region and as far as the coastal areas trekked to Kom for education.[3] The literate youngsters formed a new layer of society and came to be viewed differently in terms of social and geographical mobility. Having appropriated the new technology of reading and writing, they were regarded as a separate group and formed networks of their own. Their mobility also led to the emergence of new ideas about Kom and the outside world.

From the start of colonial rule in Africa, colonizers were faced with insurmountable challenges. One of the greatest was in the field of manpower and communication. It was directly due to a lack of human resources that the services of the NA became quite central. The NA was relevant to the colonial system because it supplied the manpower required, in particular, messengers whose importance cannot be underestimated. They were mostly used for communication purposes since communication was important to the general success of the colonial enterprise but was not fully developed in the nascent years of colonial rule.

[3.] For more on the Mill Hill Fathers, see Booth (1973) and O'Neil (1991).

The Native Authorities policy lasted until the outbreak of the Second World War in September 1939 when many Kom people were recruited into the British army to fight on the various war fronts. One result of the Second World War in most European colonies in Africa was a stronger demand for independence, which was intensified because the war had signalled the demise of the League of Nations and its replacement by the UN. UN Article 76B called on the European powers to prepare their colonies for self-determination.

The mandated territories, like the British Cameroons, were now called Trust Territories. UN visiting missions travelled to the territory from time to time to check on progress towards self-government. The British colonial government responded by introducing some reforms. In 1949, Cameroon Province was reorganized and divided into Bamenda, Wum and Nkambe divisions, with Kom falling in the Wum Division.[4] This re-organization came with the creation of new structures, including the Native Courts, Native Treasuries, court clerks, messengers, tax collectors and, above all, the construction of a motorable road. The introduction of tax collectors was a novelty because the Fon was the only person who collected tax money during the German period, taking it to Bamenda where the German headquarters were.

From the mid 1950s onwards, the Winds of Change were blowing across Africa and calls for independence became more insistent. Kom elites participated in the demand for independence and various political parties were founded, with one – the Kamerun National Democratic Party (KNDP) – having a strong bastion in Kom. The KNDP won the 1959 elections by a narrow margin and, in 1961, Southern Cameroons gained independence from Nigeria and joined French Cameroon which had already gained independence from France in January 1960. The post-colonial period created new labour mobility and new hierarchies.

Flag post relay runners: A brief history

This section considers flag post relay runners, positions that were created in the German period and were based on the *nchisindo* runners of the traditional rulers of Kom. When the British took over the territory they continued the tradition but over time the name changed to 'messengers'. The flag post relay runners were important in distributing messages in the colonial administration and although they were a central feature of it, they are not referred to in the literature on the Cameroons. The data used here from the archives in Buea corroborates that provided in interviews conducted during fieldwork in the region. We start with an

---

[4] File Cb (1949)2. Report by His Majesty's Government in the United Kingdom of Great Britain and Northern Ireland to the General Assembly of the United Nations on the Administration of Cameroons under United Kingdom Trusteeship for the year 1949 (National Archives Buea: NAB).

overview of the system and then turn to the specific situation in the Kom Fondom.

Nearly all the mail was distributed within the circles of the colonial administration, although a few members of the African elite also used the system. Speed was the main characteristic of the system. As soon as a message arrived, the relay runners were supposed to set off: 'At whatever hour of the day or night a letter or message is received it is the duty of that post to forward it onto the next without any delay whatever.'[5] The system was meant to make up for the deficiencies in the telephone trunk line and facilitated the colonial administration. This was confirmed by the highest colonial administrator, The Resident of the Cameroon Province in a memorandum written on 5 December 1916:

> As you are aware the Distances in this Province are very great indeed, and communications so bad at present that the administration is greatly hampered by the delay in forwarding mails, and excessive strain is thereby thrown on the telegraph system which is of course limited. After carefully testing the merits of the regular mail system, and the German method of 'Flag Post Mail Relay Runners System'. I have decided to continue with it. It is infinitely quicker and also economical – a day's run by ordinary mail runners can be over 60 miles by (...) when the system is properly organised.[6]

In a letter written by the Resident of the Cameroon Province, P.V. Young, to the Secretary-General Southern Provinces, Lagos, in 1917, the connections between flag posts were explained and the importance of the system for the colonial administration underscored.[7]

Mail was crucial in circulating information in the territory. Colonial officers on the ground were given instructions by their superiors and at the same time needed to know whether their annual returns had been appreciated by the colonial office or not. It was therefore important to see that there was an effective dispatch of all mail sent. The flag post relay runners system was the only way in which the colonial officials could effectively administer the territory.

A flag post consisted of a hut with a flag in front of it. To avoid confusion, each district or division had different coloured flags. For instance, Bamenda Division had a red flag; Chang a white one; Ossidinge blue; Kumba blue and white; and Buea red and white. These colours were attached to the postal packet, which meant that all packets addressed to a certain place were labelled with the corresponding colour: A packet for Bamenda, for example, was red.[8] The runners were not taught to read and no effort was invested in their education. The flag post runners were also never mentioned by name in the colonial records: They remai-

---

5   Confidential Report, N° 1/1916, Bamenda, 28 February 1916, Flag Post by G.S. Podevin (NAB).
6   File N° Ag/1 Memorandum No. 354/1916 from Resident's Office, Buea, 23 December, E.C. Duff, Resident Cameroons Province, Buea, 5 December 1916, to Post Master General, Lagos (NAB).
7   File No. Rg (1917)2, Flag Post System, Letter, 1917 (NAB).
8   File No. Ag/1 Memorandum No/10from Resident's Office Buea, 23 December 1916, Kumba-Victoria-Ossidinge-Chang-Bamenda (NAB).

ned an anonymous group of people not worthy of being treated as individuals. The fact that the men running these errands were simply known as 'boys' can be seen as an additional sign of disregard. Mail runners were paid almost nothing. In the Kumba Division, the three flag post boys received the sum of 2 pounds for a total of 6 flag posts; in Dschang Division it was 1 pound for 3 posts; and in Ossidinge Division the amount was 10 pounds a month for 21 posts. Bamenda Division had the largest number of flag posts and also employed the most runners and thus received a total of 15 pounds (20 euros).[9] The system involved a considerable number of people; in 1917 Bamenda Division alone employed a total of 135 boys at more than 45 flag posts, Kom being one of them.[10] This could be explained by the fact that Bamenda Division was the largest of all the divisions and also had strong, centralized kingdoms and no telephone trunk lines until 1949. In Bamenda Division, flag post houses marked with a blue flag were 15 miles apart and were served by three boys who lived in the houses and were rotated on a monthly basis.[11] The colonial reports lauded the flag post system and its efficiency. A first factor was that the system ensured the relatively rapid transmission of letters for colonial officers who had to travel a lot. The Assistant District Officer for Bamenda Division echoed this efficiency by stating that the mail running system was very quick, effective and very economical.[12]

Secondly, the presence of a post was a constant reminder to the villagers of the colonial government's activities and led to the immediate reporting of local troublemakers.[13] In this sense, the system increased colonial control. So in addition to dispatching mail, the flag post acted as a symbol of the presence of the colonial administration within the communities in which they were erected. Mishaps could be reported at once to the flag post and the person there would then forward the complaint to the traditional chief who in turn sent a message to the colonial administrator in his vicinity. The role of the traditional rulers in the flag post system clearly shows in that they supplied the workers for these flag posts as it was on their land that the huts were constructed. Although the traditional rulers supplied the staff to work in the flag post huts, their authority was subsumed in that formerly all troublemakers were dealt with by the traditional authorities whereas now the colonial administration was informed. As a third indication of their

---

[9] See Memo No. 88/2/18 from Divisional Office, Ossidinge to the Resident, Buea, 20 March 1918; File No. 14/37/1918 from the D.O. Dschang Cameroon Province to the Resident.Buea 16 February 1918; No. .339/15/17 from District Officer's Office Kumba on Tour at Buea, 28 June 1917 to the Resident, Buea entitled, 'Flag Posts' (NAB).

[10] File No. 60/16 1916, 9 Bamenda District: Administration 1916-1917 (NAB).

[11] File No. Ad/6, Memorandum No. 339/17 from Assistant District Officer's Office, Kumba on Tour at Buea, 28 June 1917 to the Resident Buea entitled 'Flag Posts' (NAB).

[12] File Ag (1916)3 Memorandum from Resident Office, E.C. Duff, Resident Cameroons Province, Buea, 5 December 1916 to the Post Master General Lagos (NAB).

[13] *Ibid.*

relevance, we can point to the issue of settlement: Many flag posts grew into settlements as families came to live around them and entire villages grew up in their
vicinity.

In the pre-colonial period, traditional rulers can be assumed to have represented their people but during the colonial period they had to manoeuvre between
representing local people and the colonial authorities.

The flag post relay mail system in Kom was known as *igfi ndo nwali ni chap*
(In front of the Chap school). As elsewhere, the flag post huts were constructed
in specific areas where the flag post men spent the night while waiting for mail
for onward transmission. The flag post houses in Kom were situated about 6 miles apart and were marked with blue flags. The posts were served by three boys,
each whom lived there and was replaced monthly.[14] There were flag posts at Laikom, Njinikom, Sho, Belo Mbingo, Babanki and Bambui in Kom.

One of those involved in the flag posts in Kom was Andreas Ngontum Kukwa.
He was born on 30 January 1920 in Muloin quarter, Kom and grew up helping
his father with goat keeping and hunting. As he matured, he started going off
with his father on long-distance trade. They used to go to Adamawa with sweet
potatoes and hides for sale, returning with palm oil. Later on, Andreas started going to the coast trading chickens and goats for soap, smoked fish, rice and Vase-
line. According to him, *igfi ndo nwali ni chap* means in front of the school of
chap. He holds that this referred to the school at Fujua, Laikom, which was opened during the German period and was continued by the British as an NA school.
That spot became a central flag post in the region because Laikom at the time
was the capital of Kom's traditional rule and it became the hub of mail delivery
in the region. Mail runners had to take letters from Fujua, Laikom to Bamenda,
the seat of the British administration in the Grassfields. Adreas explained that the
mail would be fastened on an elephant grass stick to prevent it from getting dirty
or wrinkled. Clearly such concern with hygiene also included a strong racist element and no 'boy' was allowed to touch a letter with his hands. And when running, the 'boy' was not allowed to speak to anybody.

Letters would be taken from post to post and would finally reach Bamenda,
crossing the provincial border in the process. If by any chance the person at the
next hut was not there, the letter would be placed in the flag pointing in the direction of Bamenda.[15] Andreas informed us that there were 7 posts in Kom at the
time: Laikom (Fujua), Njinikom, Sho, Belo, Njinikijem, Baingo and Mbingo.

---

[14] File Ad (1917)6, Memorandum No. 339/15/17 from Assistant District Officer's Office, Bamenda on
Tour at Bamenda area, 28 June 1917 to the Resident.Buea, entitled 'Flag Posts',
[15] Interview with Andreas Ngontum, Sho, Kom 27 September 2008. This story was confirmed by Bartholomew Chia Kiyam who I interviewed and who witnessed the same flag post runners in Kom.
Interviewed 29 September 2008. Bartholomew's version confirmed what I had heard from Andreas.

Although not documented in any colonial records, the flag post runners were regarded as imported personalities in Kom. According to Andreas, some of the 'boys' virtually lived in the flag post huts and were perceived to be close to the colonial administration. Andreas remembers that these people were well respected even by the missionaries because of the way they carried the mail. If they had any problem, it was immediately looked into by the traditional quarter heads (*ibonteh*) and people admired them for their work. The flag post runners usually wore European-style clothes.

Foot messengers

Foot messengers were not a novelty in Kom because the Fon had messengers, known as *nchisindo*, who he used to send on errands. The colonial administration therefore only co-opted the messengers and sewed their uniforms, which made the messengers look different in attire and activity. In this sense, foot messengers were very different from cell phones: Foot messaging was a local system appropriated by colonials to expand colonial rule due to a lack of communication devices, while cell phones have been appropriated by Kom inhabitants to communicate and improve their daily lives.

Photo 6.1   Two messengers in their official outfits

Source: Robert Eugene Ritzenthaler & Pat Ritzenthaler (1962),
   Cameroons Village: An Ethnography of the Bafut.
   Milwaukee: Milwaukee Public Museum, p. 8.

The most important restructuring of the area resulted in a scarcity of labour in 1950 for clerical jobs in the new divisions of Bamenda, Wum and Nkambe.[16] This meant that the staff available to run the divisions increased and since motorized transport and roads were more or less non-existent, everything was done on foot. Porters and messengers became essential to the colonial agenda. Kom fell under Wum Division and the foot messengers were reinforced under the NA. While the system of messengers continued as it had prior to colonialism, the colonial messaging system differed in a number of crucial respects. The runners were given uniforms and were supervised by a different regime.

Another difference with messengers under colonial rule was that their activities had no borders. This meant that foot messengers from Kom could execute their duties from as far as Buea, some 400 km away. One of the messengers was Chialoh Isaiah who was born at Fundong in 1929. He became a messenger in 1955 and worked for forty years before retiring in 1995. According to him, messengers were honest, robust people who could run or walk quickly. He also told me that messengers could take instructions from court clerks and be sent to any part of the country deemed necessary. He had sometimes taken summons and mail to Buea.[17]

Cell-phone communication, which was introduced into Cameroon in the late 1990s, can be seen as another type of 'mail runner' and 'messenger' in terms of speed and the compression of distance. The difference is that it is only the voice that travels and the individual stays in the same place. The next section examines the influence of the cell phone in Kom.

The cell phone: Mail relay runners/messengers incognito

The political whirlwind that swept African colonial states south of the Sahara in the 1940s and culminated in independence and the birth of new states in French and British Africa also hit Cameroon. On 1 January 1960, the French part of Cameroon gained independence and on 1 October 1961 the British Southern Cameroons gained independence following reunification with French Cameroon. The new state was known as the Federal Republic of Cameroon. Within eleven years the federal system was restructured and in 1972 the state underwent another political change and became known as the United Republic of Cameroon. The most popular telephones in that period were landlines.

In the 1990s, with the introduction of the Structural Adjustment Plan in Cameroon as a palliative to cure its ailing economy, some of the telecommunication structures were privatized. For instance, the Cameroon Telecommunication Com-

---

[16] See Chilver (1963: 129). This information can also been found in Bamenda Annual Reports for the years 1949 and 1950 (NAB).
[17] Interview with Chialo Isaiah, Fundong, 23 June 2008.

pany (Camtel) was established in 1998 by bringing together Intelcam and the Department of Telecommunications at the Ministry of Post and Telecommunications. The Cameroon Telecommunication Mobile Company (Camtel Mobile) was set up with the specific task of installing and exploiting mobile phones across the whole country and, according to Nyamnjoh (2005: 209) with this initiative, 'private investors such as Mobilis or (Orange) and MTN-Cameroon have since extended and improved upon the telecommunications service. From a fixed telephone network of around 87,000 subscribers since independence, Cameroon now boasts more than 200,000 cell phone subscribers for MTN Cameroon alone.'

Studies of cell phones are being taken seriously by scholars in different parts of the world. For instance, Horst (2006) has researched how cell phones affect transnational migrants in Jamaica. He contends that rural Jamaicans have seen cell phones as a blessing that is fast transforming the role of transnational communication from an intermittent event to a part of daily life. Smith (2006: 497-523) describes how cell phones are dramatically changing the lives and livelihoods of people in Nigeria – erstwhile Anglophone Cameroon. According to Nyamnjoh (2005: 208-209),

> (...) In the Bamenda Grassfields, for example, marriages, feasts; funerals, *crydie,* and village development initiatives can no longer pass by any Grassfielder simply because they are in the Diaspora. The cell phone has become like the long arm of the village leadership, capable of reaching even the most distant sons and daughters of the soil trapped in urban spaces.

Katz & Castells (2002) show how mobile communication affects the tempo, structure and process of daily life around the world. Ling (2004, 2008) followed Katz & Castells in examining the impact of cell phones on society, while Castells *et al.* (2009) consider how the possibility of multimodal communication from anywhere at any time affects everyday life at home, at work and at school and raises broader concerns about global and local politics and culture. Goggin (2006) explores the new forms of consumption and use of communication and media technology that the mobile phone represents. These few studies, although not exhaustive, have run short of concluding the economic impact of the cell phone in their respective areas of study.

The cell phone, although bridging gaps in distance and tracking down people in a distant diaspora space, has in another way contributed immensely to the draining of marginalized people's meagre resources. These particular gaps have not been examined in that literature by the above-mentioned scholars. Cell phones have caught the attention of all and sundry and no matter how old or young people are, the expectation of owning a phone is almost the same. Some get phones for purely prestigious reasons, because they owned the phones, display them but the call boxes have shown that they still use it. Therefore one could only but conclude that they owned these gadgets for purely prestigious reasons (cf. Nkwi

2009). They prefer to use call boxes and make their calls rather than use their phones. Others carry them along tied to their waist or hung around their necks. Yet others purchase phones even if they do not have reception or electricity to charge them. Still, others need to trek for distances and negotiate others to use their phones and make calls to dear ones.

The anxiety to consume the phone could be explained in the character of the Grassfielders who like to engage in international consumerism. Geschiere (1995: 5) pointed out that 'every society might appear to be going for modern technology and modern goods meant for consumption but these societies bring along with them specific cultural traits which lead to diversity in global consumption'. Rowlands (1996), Ardener (1996), Warnier (1993), Geschiere (1997), Nyamnjoh (s.d.) and Fuh (s.d.) have argued that the Bamenda Grassfielders and Cameroonians alike tend to be obsessed with modern conveniences or modern forms of consumerism. They have shown that the Bamenda Grassfielders have an insatiable craving for everything that is imported rather than for that which is produced locally. Imported goods have become a symbol of status and thus enhanced the prestige of the holder. The case of Kom is no exception.

Photo 6.2   Cell phones waiting for calls in 'their huts'

What is significant and very observable in daily dealings with the phone is that a good percentage of the people are very poor. Yet they do not realize that phones are making them poorer. Just as the flag post relay runners and messengers were exploited, so too are those who use cell phones. Even the regions remain poor. It is difficult to compromise this reality but it is evident that most of the gains go back to the phone companies that are based in Europe.

Others will argue, and rightly so, that cell phones have been beneficial to people, just as they will argue that in their days, messengers were at least paid. But the losses incurred far outweigh the benefits. Of course with the cell phone, distance and time have been compressed and it is much faster for the speaker to talk with his/her kith and kin than it would have been when sending a messenger. But phones have actually replaced what foot messengers used to do in the past in another way too.

Conclusion

The general thrust of the argument in this chapter has been that the introduction of colonial structures embedded in foot messengers and post-colonial structures in the form of the cell phone have further increased the marginality of Kom. This runs contrary to the belief that all these elements were to bring development. The cell phone in particular has been largely held in most academic discourses as an engine of development but this essay has argued that although such supposed benefits may be accruing, the bottom line is that it has further impoverished already marginalized regions, such as Kom, which was used here as a case study. The introduction of foot messenging and the cell phone in Kom region has been furthering state and business control, but these innovations have in the final analysis done little to alleviate the burden of the local population. Situated at the fringes of the Cameroonian state, Kom region remains a marginalised area.

References

AGAR, J. (2000), *Constant touchapter A global history of the mobile phone.* London: Totem Books.

ARDENER, E. (1996), 'Witchcraft, economics and continuity of belief'. In: S. Ardener, ed., *Kingdom in Mount Cameroon: Studies in the history of the Cameroon coast, 1500-1970.* Oxford: Bergahn Books, pp. 243-266.

ARGENTI, N. (2007), *The intestines of the state: Youth, violence and belated histories in the Cameroon grassfields.* Chicago: University of Chicago Press.

BOOTH. B.F. (1973), *Mill Hill fathers in West Cameroon: Education health and development, 1884-1970.* Bethesda: International Scholars Publication.

CASTELLS, M., M. FERNANDEZ-ARDEVOL, J. LINCHUAN QIU & ARABA SEY, eds (2009), *A global perspective (Information revolution and global politics).* London: MIT Press.

CHILVER, E.M. (1963), 'Native administration in West Central Cameroon'. In: K. Robinson & F. Madden, eds, *Essays in imperial government presented to Margery Perham*. Oxford: Basil Blackwell.

CHILVER, E.M. & P.M. KABERRY (1967), *Traditional Bamenda: Pre-colonial history and ethnography of the Bamenda grassfields*. Buea: Ministry of Primary and Social Welfare and West Cameroon Antiquities Commission.

DAS, V. & D. POOLE (2004) 'State and its margins: Comparative ethnographies'. In: V. Das & D. Poole, eds, *Anthropology in the margins of the state*. Oxford & Santa Fe: School of American Research Press, pp. 3-33.

FUH, D. (s.d.), 'Youth masculinities and prestige in Bamenda, Cameroon' (unpublished paper).

GARDINIER, D.E. (1967), 'The British in the Cameroons, 1919-1939'. In: P. Gifford & W.M.R. Louis, eds, *Britain and Germany in Africa: Imperial rivalry and colonial rule*. New Haven & London: Yale University Press, pp. 513-555.

GESCHIERE, P. (1995), *Sorcellerie et politique en Afrique*. Paris: Karthala.

GESCHIERE, P. (1997), *The modernity of witchcraft: Politics and the occult in postcolonial Africa*. Charlottesville: University Press of Virginia.

GOGGIN, G. (2006), *Cell phone culture: Mobile technology in everybody life*. London: Routledge.

HORST, H.A. (2006), 'The blessings and burdens of communication: Cell phones in Jamaican transnational social fields', *Global Networks* 6(2): 143-159.

HORST, H.A. & D. MILLER (2006), *The cell phone: An anthology of communication*. London: Berg.

KATZ, J.E. & M. CASTELLS, eds (2002) *Handbook of mobile communication studies*. London: MIT Press.

LEVINESON, P. (2004), *Cell phones: The story of the world's most mobile medium and how it has transformed everything*. London: Palgrave Macmillan.

LING, R. (2004), *The mobile connection: The cell phone's impact on society*. London: Morgan Kaufmann.

LING, R. (2008), *New technology, new ties: How mobile communication is reshaping social cohesion*. London: MIT Press.

NGOH, V.J. (1990), *Constitutional developments in Southern Cameroons, 1946-1961: From trusteeship to independence*. Yaoundé: Pioneer Publishers.

NKWI, P.N. (1976), *Traditional government and social change: A study of the political institutions among the Kom of the Cameroon grassfields*. Fribourg: Fribourg University Press.

NKWI, W.G. (2009), 'From the elitist to the commonality of voice communication: The history of the telephone in Buea, Cameroon'. In: M. de Bruijn, F. Nyamnjoh & I. Brinkman, eds, *Mobile phones: The new talking drums of everyday Africa*. Bamenda & Leiden: Langaa & African Studies Centre, pp. 50-68.

NYAMNJOH, F.B. (2005), *Africa's media: Democracy and the politics of belonging*. London: Zed Press.

NYAMNJOH, F.B. (s.d.), 'Images of Nyongo amongst the Bamenda grassfielders in Whiteman Kontri' (unpublished paper).

O'NEIL, R.J. (1991), *Mission to the British Cameroons*. London: Mission Book Service.

POSTMAN, N. (1993), *Technology: The surrender of culture to technology*. London: Vintage.

ROWLANDS, M. (1979), 'Local and long distance trade and incipient state formation on the Bamenda plateau in the late Nineteenth Century', *Paideuma* 25: 1-25.

ROWLANDS, M. (1996), 'The consumption of an African modernity'. In: M.J. Arholdi, C.M. Geary & K.L. Hardin, eds, *African material culture*. Bloomington: Indiana University Press, pp. 188-214.

SMITH, DANIEL J. (2006), 'Cell phones, social inequality and contemporary culture in South-eastern Nigeria', *Canadian Journal of African Studies* 40(3): 496-523.

WARNIER, J-P. (1993), *L'esprit d'enterprise au Cameroun*. Paris: Karthala.

Grandeur ou misères des cabines téléphoniques privées et publiques au Mali

Naffet Keïta

Résumé

Dans le texte présent, l'évolution du secteur de la téléphonie est établie à partir d'une lecture des politiques publiques en matière de télécommunication. Avant l'arrivée de la téléphonie mobile, les communications modernes étaient dominées par le système filaire, le RAC et la poste. Le besoin de communication poussa nombre d'abonnés à transformer leurs lignes domestiques en lignes commerciales, avant que la société historique ne s'investisse dans le créneau des cabines téléphoniques privées puis publiques. Avec l'arrivée de la téléphonie mobile, les cabines ont subi des transformations et des adaptations jusque-là inégalées dans le secteur de la communication et dans l'atteinte des objectifs de la communication universelle. Aujourd'hui, bien qu'en déshérence, les cabines téléphoniques ont connu leurs heures de gloire en consacrant des réussites sociales et individuelles.

Introduction

Le présent article traite des contextes réels d'accès et d'utilisation des cabines téléphoniques privées et publiques dans le district de Bamako (Mali) et cela, avant et après l'avènement du portable: L'approche est donc historique. Ici, une large place est accordée aux extraits de récits de vie de personnes et de familles recourant aux cabines publiques et privées et les gérants.

Il faut rappeler qu'à part quelques articles de presse, les cabines téléphoniques en tant qu'objet de recherche n'ont pas attiré l'attention des chercheurs maliens; par contre, nombre de chercheurs africains et occidentaux en ont fait un point focal dans leur recherche. C'est dire si les cabines téléphoniques constituent un sujet d'étude intéressant dans le cadre d'une réflexion sur la thématique 'marginalité et mobilité en matière de communication en Afrique'.

Les cabines dont il est question sont différentes des 'call box'[1]. Il s'agit de boutiques spécialisées; placées également aux abords des routes, à des endroits stratégiques, elles appartiennent à des commerçants, des fonctionnaires, des personnes privées (jeunes). D'autres en ont fait une activité secondaire, à l'intérieur d'une boutique, d'un bar, dans un kiosque, etc.

Dans une première partie, une brève histoire de l'apparition des cabines privées et publiques est dressée. En second lieu, on rend compte des changements consécutifs à l'urbanisation et à l'éclatement des besoins de communication consacrés par le développement des cabines téléphoniques publiques, des télécentres privés et communautaires; en quelque sorte, il est fait une revue des stratégies de développement de la communication téléphonique au Mali. Face au chômage grandissant et au besoin d'accéder à des ressources monétaires, la presque totalité des catégories socioprofessionnelles, notamment les jeunes (tout genre confondu) ont investi le créneau des télécentres privés; il s'agit d'un secteur, aujourd'hui, considérablement rétréci par l'avènement du téléphone portable. Nous considérons les mobilités chez les tenanciers des cabines téléphoniques privées et dressons l'état des lieux de la fourniture du service universel en matière de télécommunications.[2]

La problématique s'articule autour des questions qui suivent: Comment cette technologie 'magique' pouvait-elle, à la fois, apaiser certains et en exclure d'autres du seul fait de son accès? En quoi cette exclusion des uns et des autres était-elle vécue avec l'avènement des cabines publiques/privées et de la téléphonie mobile? Quel a été le sort du téléphone filaire (public et privé) avec la multiplication des réseaux de téléphonie mobile au Mali?

---

[1] Les 'call box' sont des cabines de fortune qui jonchent les rues des villes et villages et sont gérées en majorité par des jeunes pour la plupart en chômage, pour vendre en 'détail' les crédits de communication de leur téléphone mobile. Ces cabines, généralement installées en plein air sont en majorité constituées d'un banc et d'une caisse ou d'un tabouret et d'un parapluie décoré de cartes de recharge, de logos de différents opérateurs de la place et autres. Le lecteur intéressé par les 'call box' pourra consulter: Norbert N. Ouendji, 'Téléphonie mobile et débrouille en Afrique: Réflexions sur le statut des *call box* au Cameroun'. In: *La politique des modèles en Afrique: Stimulation, dépolitisation et appropriation*, Dominique Darbon (dir.), Paris: Karthala, 2009, pp. 213-230.

[2] Le service universel de télécommunications est défini comme la mise à la disposition de tous d'un service minimum consistant en un service téléphonique d'une qualité spécifiée à un prix abordable, ainsi que l'acheminement des appels d'urgence, la fourniture du service de renseignement et d'un annuaire d'abonnés, sous forme imprimée ou électronique et la desserte du territoire national en cabines téléphoniques installées sur le domaine public et ce, dans le respect des principes d'égalité, de continuité, d'universalité et d'adaptabilité. Si l'institution du service universel au temps du monopole de l'Etat régulateur et gendarme ne posait aucun problème, l'instauration de la concurrence et l'entrée des opérateurs privés pose la question du respect de ses principes.

Photo 7.1   Si chaque société de téléphonie tient jalousement à ses produits et concepts l'espace public Bamakois est assez clairsemé de nombreux bricolages autour des usages de la téléphonie mobile. L'expression achevée de ces bricolages est la figure des vendeurs amulants de cartes de recharger

L'histoire des télécommunications au Mali entre exploitation publique et privée

L'histoire des télécommunications modernes au Mali renvoie au tout début de l'Office des Postes et Télécommunications du Mali (OPT),[3] créé le 29 novembre 1960. L'OPT avait pour tâche de gérer les télécommunications nationales et les services postaux. En janvier 1965, le gouvernement du Mali et France Câble Radio (FCR) constituèrent la Société des Télécommunications Internationales du Mali (TIM), avec 65% pour le Mali et 35% pour FCR. L'évolution du secteur, au Mali, se fait en partie en relation avec les restructurations connues en France, parce que France Télécom était le partenaire stratégique des TIM. Surtout, c'est elle qui gérait son volet international. Par exemple, le grand plan des télécommunications appelé 'plan câble' mis en œuvre durant les années 1970, conduisit à un équipement rapide. C'est ainsi qu'apparurent les réseaux câblés et les installations filaires (1990), permettant, à la fois, la longue distance et la boucle locale. Bien avant, en 1989, un programme de réhabilitation pour les services publics des Postes et Télécommunications, y compris les Chèques Postaux (CCP) et la Caisse Nationale d'Epargne (CNE) a été mis sur pied. C'est ainsi que la loi n°89-32/P-RM du 09 octobre 1989, ratifiée par la loi n°90-018/AN-RM du 27 février

---

[3]   Les données relatives à l'évolution de l'OPT jusqu'à la création de la Sotelma en 1999 nous ont été fournies par Baba Konaté, conseiller au Ministère de la Communication et des Nouvelles Technologies.

1990, fait scinder l'Office des Postes et Télécommunications en trois entités distinctes:

- la première regroupait les services de télécommunications de l'ex-OPT et la société des Télécommunications Internationales du Mali (TIM) au sein d'une société d'Etat dénommée Société des Télécommunications du Mali (Sotelma);
- la deuxième regroupait les Services Postaux au sein de l'Office National des Postes (ONP);
- la troisième était constituée des Chèques Postaux et de la Caisse d'Epargne sous le nom de Société des Chèques Postaux et de la Caisse d'Epargne (SCPCE).

La Sotelma, opérateur unique, possédait ainsi un quasi monopole sur les réseaux et services des télécommunications:

Malgré l'arrêté 513/MTTT du 03 juillet 1972 relatif à l'agrément des installateurs privés des télécommunications, l'implication du secteur privé national était restée limitée (…). Le nombre de lignes principales au 31 décembre 1999 était de 40 165 dont 6 375 pour les abonnés cellulaires. Le nombre de cabines téléphoniques à la même période s'élevait à 1 389 (…). Bien que connaissant une certaine amélioration, la densité téléphonique reste faible (3 lignes pour 1 000 habitants en 1999). La couverture nationale reste inégale avec plus de 70% du parc de lignes installées à Bamako pour 10% de la population. La demande existante à Bamako et dans les zones rurales est importante mais les investissements paraissent insuffisants face à la croissance de la demande des différents services de télécommunications de qualité.[4]

Les offres de services en matière de télécommunications au public étaient: Les services télégraphique, téléphonique, télex et la transmission de données.

En 1995, le service téléphonique comptait 15 209 lignes principales dont 10 480 à Bamako (69%). La densité téléphonique était de 0,17 téléphone pour 100 habitants.[5] C'est le lieu de relever que le développement du secteur des télécommunications au Mali est largement informé par le contexte régional et international des télécommunications qui a beaucoup évolué. Au sortir des indépendances, les télécommunications relevaient des services administratifs des Etats. Par la suite, l'évolution technologique et les impératifs de compétitivité ont amené les Etats à concéder une certaine autonomie de gestion aux services des Postes et Télécommunications et ce fut l'époque des EPIC (Etablissements Publics à caractère Industriel et Commercial).

Avec cette nouvelle situation, la Sotelma n'arrivait pas non plus à satisfaire les besoins des clients à cause de la lourdeur administrative constatée dans le traitement des dossiers des candidats à l'abonnement et du handicap que constitue l'installation technique (déploiement du réseau), trop coûteux et fastidieux. En effet, cette installation nécessitait des investissements en matériels lourds et coû-

---

[4] Antonio Mele, ' Pour une analyse critique de la déréglementation du secteur des télécommunications au Mali', Université de Toulouse 1: Institut d'Etudes Politiques: DESS: Rapport de Stage/CSDPTT. Novembre 2004. 39 p. Annexe 7: Déclaration de politique sectorielle du 28 juin 2000.

[5] UIT, 'Evolution institutionnelle du secteur des télécommunications au Mali', Rapport de consultation, août 1995. Cité également par Antonio MELE, op. cit.

teux (câbles, poteaux et ouvrages de génie civil) et avait beaucoup d'exigences. Or, l'accord pour un tel investissement relevait d'un choix public étatique et des PTF (partenaires techniques et financiers et principalement la Banque mondiale), chose qui avait été décriée par le syndicat de la Sotelma (Syntel) à l'époque.[6] C'est dans un tel contexte qu'adviennent les cabines téléphoniques privées, publiques (à jetons d'abord, puis à cartes prépayées) et enfin, les télécentres communautaires qui étaient tous connectés au réseau filaire de la Sotelma. Depuis 2002, l'espace du téléphone au Mali est partagé entre deux opérateurs que sont la Sotelma-Malitel[7] et Orange-Mali[8] (ex-Ikatel SA). Entre 2003 à 2006, le nombre de lignes est passé à 60 925 et 81 785 pour fléchir en 2009 à 81 344 avec toujours une concentration des lignes à Bamako qui regroupe les 2/3 des lignes facturées. La Sotelma domine encore le marché du réseau fixe filaire.

Tableau 7.1   Evolution du nombre d'abonnés au téléphone fixe entre 2003-2009

	2003	2004	2005	2006	2007	2008	2009
Lignes fixes Sotelma	60 925	65 714	75 186	81 785	75 651	71 828	81 344
Progression fixe Sotelma	8%	8%	14%	9%	- 4%	- 9%	13%
Lignes fixes Orange	-	120	718	736	1 354	4 716	3 452
Progression fixe Orange	-	-	498%	3%	84%	248%	- 27%

Source: Rapports Annuels CRT (2006 – 2009).

Malgré sa licence globale, Orange Mali.ne s'est intéressée au secteur du fixe que récemment, à travers son offre convergente (internet + ligne fixe) utilisant la technologie WI-Max. Le nombre total d'abonnés lignes fixes d'Orange est passé de 120 en 2004 à 4 716 en 2008, pour chuter de 27% en 2009.

---

[6] Cf. Antonio Mele et Youssouf Sangaré, 'Les télécoms et le service public au Mali'. In: www.csdptt.org/article419.html

[7] Le lundi 02 mars 2009 Maroc Télécom rachète la SOTELMA pour 250 millions d'euro, soit 164 milliards de FCA, en devenant l'actionnaire majoritaire avec 51% du capital (Indépendant du 03-03-2009). Maroc Télécom a hérité d'une entreprise qui revendiquait 747 707 abonnés, répartie comme suit: 672 045 abonnés mobiles Malitel, 71 282 abonnés au téléphone fixe et 4 080 abonnés à l'Internet. (http://www.malitel.ml/decouvrir/historique).

[8] Ikatel, du groupe France Télécom (qui détient à hauteur de 70% du capital par le biais de la filiale sénégalaise Sonatel), est devenu depuis le 30 novembre 2006 Orange Mali dans le cadre de l'uniformisation des marques commerciales de France Télécom. Elle est titulaire depuis août 2002 d'une licence globale pour l'établissement et l'exploitation de réseaux et services de télécommunications y compris des services de téléphonie fixe, des services de téléphonie cellulaire GSM, des services de transmission de données et des services de télécommunications internationales (*L'Essor* du 12-01-2006).

Photo 7.2 En investissant dans la publicité avec comme support des
panneaux géants hissés sur le toit des maisons de particuliers
en étage, Orange Mali exprime là une certaine forme de volonté
de puissance ou d'expression de sa notoriété-proximité auprès
des consommateurs.

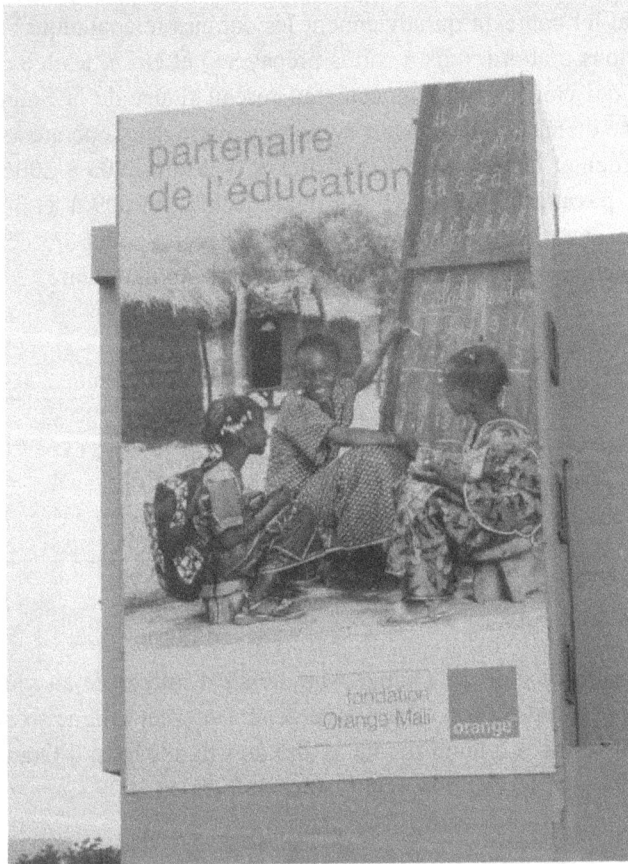

Avant la participation de Maroc Télécom dans son capital,[9] la Sotelma employait directement 1 584 agents permanents, 122 stagiaires et générait indirec-
tement près de 18 000 emplois à travers la gestion de 8 175 télécentres et cybercafés sur l'ensemble du territoire national. Aujourd'hui, l'effectif des employés a
diminué de 35% par rapport à l'année 2008.[10]

Pour faire face à la concurrence d'Orange Mali et satisfaire sa clientèle,
l'entreprise s'est engagée dans d'importants investissements, à la fois dans le

---

[9] 51% du capital a été racheté, le 7 juillet 2010, par Maroc Télécom (MT) pour 180,3 milliards de
FCFA.
[10] CRT, rapport annuel de 2009, p. 21.

secteur du fixe (norme CDMA), la technologie WLL (boucle locale sans fil) et de l'Internet. Sur la période 2007, les frais de raccordement des lignes fixes ont connu une réduction de 65%.[11]

L'avènement des cabines téléphoniques privées et publiques

La décennie 1990-2000 a constitué un moment fort permettant de suivre à la trace l'engouement des bamakois pour les nouveaux modes de communication. A l'époque, la Sotelma, l'opérateur historique, détenait un quasi monopole sur les communications modernes. C'est en 1991 qu'elle autorisa l'exploitation privée de son réseau par la cession à des particuliers de ses lignes filaires en vue de l'installation des cabines téléphoniques.

Au départ, frauduleusement installées sur des lignes conventionnelles dans le grand marché, elles se sont vu régulariser, par la suite, au profit des partants volontaires de la Sotelma pour enfin être accessibles à un plus grand nombre. Un tel contexte était caractérisé par un chômage massif des jeunes diplômés et nombre de ceux-ci se sont vu recruter comme gérants,.activité qui a parfois servi de tremplin pour nourrir des projets migratoires; enfin, elles consacraient la volonté des bamakois de sortir de l'isolement.

Tableau 7.2   Nombre d'abonnés aux réseaux fixes et cabines téléphoniques (publiques et privées)

	2004	2005	2006	2009
Téléphone fixe (ligne principale)	65 834	75 904	82 521	84 796
Cabines privées	5 986	7 239	6 773	1 378
Cabines publiques				512

Source: Recension des rapports annuels du CRT (2006 et 2009) et au niveau du service de facturation de la Sotelma.

C'est en 1993 que les cabines publiques feront leur apparition. Ainsi nombre de villes en ont.été dotées, d'abord avec des appareils à jetons puis à cartes prépayées. Ces cabines étaient également visibles devant les aéroports, les hôtels, les grands établissements scolaires de l'époque, les gares (ferroviaire et routière), les bureaux de postes, les marchés, les hôpitaux et jalonnaient les artères principales de la presque totalité des quartiers du district.

Aujourd'hui, si ces cabines n'ont pas fait les frais des vandales et des mouvements sociaux,[12] elles ont été laissées en déshérence au profit du 'tout mobile'

---

[11] '800 000 lignes de téléphonie mobile attribuées en 2009 au Mali'. In: *Afrique Avenir*, 5 janvier 2010.
[12] Le district de Bamako a connu des mouvements sociaux successifs et d'ampleur diverse entre janvier-mars 1991; en avril 2003 et en mars 2007. Ces mouvements ont connu leurs lots de casse. Pour plus

qui rapporterait plus aux opérateurs[13] au grand dam des impératifs de la fourniture du service universel en matière de télécommunications. Selon la direction commerciale de la Sotelma, il existerait à ce jour 512 cabines publiques et 1 378 cabines privées encore opérationne,[14] tandis qu'une autre source avance le chiffre de 1 880 pour les cabines téléphoniques privées.[15]

A noter que ces données ne concernent que le réseau de la Sotelma. S'il est difficile, aujourd'hui, de se faire une idée de leur nombre exact ou de situer les cabines téléphoniques publiques et privées dans l'agglomération bamakoise, à défaut de statistiques fiables, l'occurrence cabines publiques, ici, renverrait autant aux télécentres privés qu'aux cabines publiques disséminées à travers tout le pays, hormis les télécentres communautaires et les cybercafés. Pour éviter toute confusion, nous suivrons ici l'éclairage qu'a apporté Fanny Carmagnat sur ce point:

> Le téléphone public en effet est à la fois un téléphone situé dans les lieux publics, un téléphone d'usage collectif et d'accès public, et un service public au sens que lui donne le droit administratif, même si ce dernier caractère a connu quelques évolutions au cours de l'histoire. Ces diverses acceptions du mot 'public' soulignent la forte capacité du téléphone public à faire débat et à créer du 'lien social', ce dernier caractère étant discernable à travers le riche imaginaire que l'on attache aux cabines téléphoniques.[16]

Il y a une décennie, le recours aux cabines était très répandu à Bamako, au point de développer les conditions d'un commerce informel au bord des rues. Il s'agit des cabines téléphoniques publiques et privées dont les prix de connexion ont varié. Les coûts d'accès demeuraient donc encore élevés aussi bien pour le téléphone fixe que pour le téléphone mobile, la fibre optique n'étant pas vulgarisée.

A côté des cabines classiques, des téléboutiques apparurent. C'étaient des cabines téléphoniques d'un usage public, mais appartenant à des personnes ou à des structures privées. Elles livraient tous types de services liés au téléphone, mais en y incluant les apports des TIC, notamment l'Internet. Elles concurrençaient les cybercafés auxquels elles s'assimilaient bien souvent. Elles ne servaient en réalité que pour les RTC (réseau téléphonique commuté) en relation avec un fournisseur agréé, ce qui rendait les coûts des connexions encore plus élevés que dans les vrais cybercafés.

---

d'informations sur ces événements nous renvoyons le lecteur intéressé à l'étude de Johanna Siméant '"Non, marchons, mais ne cassons pas" ! La rue protestataire à Bamako dans les années 1992-2010', Communication, Bamako, avril 2011, 32 p.

[13] Voit tableau 8.4, infra.
[14] Entretiens avec S.I.T., Direction Commerciale de la Sotelma, mai 2011.
[15] Entretiens avec Mme K., ministère des Nouvelles Technologies, juin 2011.
[16] Fanny Carmagnat, *Le téléphone public: Cent ans d'usages et de techniques*, Paris: Hermès Science/ Lavoisier, 2003, 310 p (Introduction, p. 13).

Les cabines téléphoniques, en tant que modèle de distribution des TIC, avaient transformé la vie et les revenus de la Sotelma et de nombreux habitants de Bamako, et même de ceux vivant dans les localités reculées.

En plus de son réseau mobile, la compagnie Orange s'est intéressée également aux télécentres privés qui sont gérés par des distributeurs agréés.[17] C'est ainsi qu'entre 2005 et 2006, en partenariat avec l'APEJ,[18] la BMS,[19] Orange Mali et les distributeurs tels Prismo Systèmes, Star Cell et Digital Net ont lancé environ 1 048 télécentres et cybercafés dans les zones couvertes par son réseau après que plus de 11 000 jeunes aient eu à soumettre un projet d'auto-emploi à l'APEJ.[20]

Parallèlement à une telle entreprise, la Sotelma – Malitel lança également un nouveau produit, 'Welecom' à travers Cell Net Mali, une société de droit malien qui développe le réseau de cabines GSM Malitel. Ce produit a été lancé en décembre 2005.

'Welecom', tout comme les produits mis à disposition auprès des jeunes diplômés sans emploi par l'APEJ, fait partie de ces nouvelles cabines privées mobiles, en zone urbaine comme rurale, dans les bus et avec des exploitants handicapés, dans toutes les zones couvertes par le réseau Sotelma-Malitel.

Le recours à ces produits fonctionnant sur la norme GSM par les sociétés de téléphonie visait deux objectifs: Le premier était de permettre la démocratisation du téléphone et le second portait sur la création d'emplois à travers la mise à disposition de milliers de cabines à ceux qui le souhaitaient sans oublier les propriétaires de cabines privées, partout où le réseau était disponible.

A ce jour, ces projets semblent être un échec, dans la mesure où les tenanciers n'ont pu rembourser les traites, dans un contexte de concurrence exacerbée et de prolifération de nouveaux produits des opérateurs de téléphonie tels que la facturation à la seconde et les recharges *Zérin*[21] et *Paani*.[22]

Contrairement aux cabines publiques qui relevaient essentiellement de la Sotelma (installation, entretien, gestion) car participant de l'offre de service public étatique, celles privées étaient gérées par des tiers, qui, au préalable, avaient souscrit à un cahier des charges.

Je suis secrétaire de formation. J'ai été employée par un prêtre mais dont la congrégation lui a imposé de me libérer après quelques mois de service. Ils m'ont dédommagée en plus d'un

---

[17] Les plus connus sont: Bambe accessoires, Prismo systèmes, Starcel, Serra Telecom et Digital net.
[18] Agence Pour l'Emploi des Jeunes.
[19] Banque Malienne de la Solidarité.
[20] Sory Ibrahim Guindo, 'L'APEJ et Prismo Systèmes sur le front de l'emploi: Lancement du Projet 1000 télécentres mobiles'. In: *L'indépendant* du 08 août 2005; 'Télécentres: 1 000 jeunes s'installent'. In: *L'essor* du 09 août 2005; 'APEJ – Société Star Cell'. In: *Le Républicain*, n° 2104 du 06 mars 2006 et 'L'installation de jeunes à travers 1048 centres téléphoniques'. In: *Le Prétoire* dans Maliba.com.
[21] Plante de la famille des cucurbitacées, qui produit un fruit dont la chair est rouge et très rafraîchissante. Son fruit est également appelé melon d'eau ou *Zérin* en *bamanan kan* (une des langues nationales du Mali).
[22] Nous.reviendrons sur ces produits.

trimestre de salaire. Du moment où ce montant ne me permettait pas d'entreprendre quelques chose de viable, j'ai décidé de me faire employer par d'autres. C'est ainsi qu'entre 1995 et 1999, j'ai été employée de cabine téléphonique. Je travaillais pour M.O. à Magnambougou, un quartier de Bamako en Commune V. Nous étions quatre demoiselles à faire la rotation (8h-16h; 16h-minuit). Par semaine, le chiffre d'affaires dépassait le million. Les cabines n'étaient pas nombreuses comme en 2005; il fallait débourser près d'un million pour accéder à une ligne avec en sus des passe-droits. En ce temps-là, trois minutes de communication avec la RCI et le Sénégal étaient cédées à 1 050 FCFA et la France, pour une minute, revenait à 2 500 FCFA. A l'époque, ce n'était pas encore le taxaplus mais le chronomètre. Entre 1999 à 2002, nous cédions l'unité à 150 FCFA. La paie des factures qui était mensuelle a été ramenée à la quinzaine du fait que nombre de tenanciers se sont fait la belle sans payer les factures de la Sotelma: Réalisation de projet migratoire obligeait, dit-on. J'ai ouvert ma propre cabine vers les années 1999. La caution était de 250 000 FCFA et elle a été ramenée à 150 000 FCFA bien après.

Au décès de mon père, j'ai hérité de plus de deux millions de FCFA. C'est avec cet argent que je me suis décidée à ouvrir ma propre cabine plutôt que de continuer à travailler pour les autres.[23]

C'est mon grand frère qui a ouvert la cabine en 1995. Aujourd'hui, il est parti en Occident et c'est moi qui assure la relève. Au début, c'était la cabine Sotelma et avec l'avènement d'Orange-Mali, nous nous sommes procurés également de ses produits pour élargir nos activités. Auparavant, on faisait au minimum 500 unités/jour, malgré.qu'il y ait douze cabines sur la même artère (100 m environ). La plupart de nos concurrents ont fermé boutique pour cause de mauvaise gestion et des charges y afférentes. A la fin de chaque mois, on payait les factures en plus de la TVA et autres (l'impôt synthétique et la taxe municipale). La cabine fonctionnait 24/24; je recourais à des étudiants ou des diplômés sans emploi que je payais pour se relayer.[24]

Ces témoignages soulignent à souhait que les cabines ont permis à nombre de tenanciers de sortir du chômage en entreprenant une activité génératrice de revenus. Aussi, il faut remarquer que la majorité des gérants ou propriétaires des cabines visitées étaient des femmes, moins de la trentaine et ayant toutes une qualification professionnelle. C'est dire que l'avènement des cabines privées a consacré une mobilité et une visibilité des femmes en termes d'accès aux ressources financières. Cette mobilité et son corollaire, la visibilité consacrée, ont permis un changement des valeurs, certes si minime soit-il, au sujet de la représentation des femmes dans la vie sociale.

Avec ma cabine, je n'étais plus vue comme la demoiselle ordinaire; nombre d'hommes me fuyaient, sûrement qu'ils ne pouvaient plus me tromper ou m'abuser comme ils le font si bien avec nombre de filles qui ne sont pas autonomes. Aussi, certains hommes qui ont cherché à me courtiser voulaient profiter de mes finances et pire, ma réussite a fait également des jalouses. Les gens me respectaient et même dans ma famille, mes rentrées tardives n'étaient pas interprétées. C'est moi qui réglais les factures d'eau et d'électricité en plus des frais de scolarité de trois enfants de mon oncle qui venait de perdre son emploi (chômage technique).

---

[23] D.K., une demoiselle, ex-tenancière de cabine téléphonique dans le Quartier ACI 2000, récits recueillis entre le 04 juillet 2008 et le 17 mars 2011; aujourd'hui, elle travaille dans la parfumerie et l'habillement.

[24] S.C., ex-tenancière de cabine qui officie, actuellement, dans la vente des produits de beauté et de tissus Wax, Badalabougou Sema; récits recueillis entre le 08 janvier 2009 et le 30 novembre 2010.

Ce quotidien a fait de moi 'l'homme' de la maison sans le vouloir: L'accès aux ressources financières et mes largesses en seraient pour quelque chose.[25]

Le cadre des cabines téléphoniques était le lieu de rendez-vous de nombre de Bamakois qui désiraient joindre leurs parents ou amis installés tant à l'intérieur qu'à l'extérieur du pays. Ce qui attirait les clients dans les cabines, c'étaient les frais de communication relativement moins chers. Du coup, le nombre des cabines téléphoniques privées a augmenté et elles étaient visibles à presque tous les coins de rue.

J'ai eu la chance d'ouvrir la mienne dans le quartier ACI 2000 d'Hamdallaye dans une rue où presque toutes les familles étaient en location avec beaucoup de migrants de retour et de candidats à la migration. La rue jouxtait des endroits de loisirs (bars et night-club). J'ai été la première à ouvrir une cabine dans cette rue. Dans d'autres cabines, les tenanciers percevaient de l'argent sur les réceptions d'appels; j'ai décidé de ne pas faire ça. A la réception d'un coup de fil, ils exigeaient 100 FCFA. Ainsi, de 1999 jusqu'en 2002, l'unité (la base de taxation de l'impulsion)[26] était cédée à 150 FCFA. Souvent, il m'arrivait de faire des chiffres d'affaires dépassant le million par mois. Chaque quinzaine, ce n'était pas moins de 700 000 FCFA. Quand le nombre de cabines a augmenté, la Sotelma diminua le prix de cession de l'unité à 105 F et nous la vendions à 125 FCFA, soit 20 FCFA de marge bénéficiaire. C'est réellement en ces moments-là que les choses ont commencé à basculer.[27]

Entre 1990 à 2002, c'était l'époque où le seul opérateur téléphonique historique, la Sotelma, régnait en maître en matière de cabines téléphoniques, avec comme seul produit populaire le téléphone filaire, car le mobile restait l'apanage des privilégiés. A cette époque, les cabines téléphoniques faisaient de grosses recettes et parfois les clients faisaient la queue pour passer des appels.

Je vendais et repartais souvent me coucher en laissant des clients encore sur place. Très souvent, les gens faisaient le rang. En une nuit, je pouvais gagner entre 60 000 et 75 000 FCFA avec le fixe. Et moi-même, je pouvais faire un 'business' de 5 000 ou 10 000 FCFA, puisque j'étais employé par quelqu'un d'autre.[28]

Au cours de l'année 2002, le monde de la téléphonie connaît un événement important au Mali: La libéralisation du marché, avec la concurrence initiée et la popularisation du portable à Bamako. C'est ainsi que le téléphone mobile s'est immiscé peu à peu dans le paysage socio-économique. Et du même coup, cela a eu un effet sur le marché des cabines téléphoniques comme nous l'affirme D.K.: 'Bon ça ne marche plus comme avant. Depuis la venue des téléphones portables, les choses ont commencé à ne pas aller comme autrefois'.[29]

Tout de même, les cabines ont continué de fonctionner, nombre de gens venaient juste pour communiquer leur numéro de portable à leurs correspondants

---

[25] D.K., entretien cité.
[26] 'La Sotelma nous donnait les unités à 120 FCFA en plus de la TVA et nous la vendions à 150 FCFA aux clients', soutient D.K., tenancière de cabine téléphonique dans la zone ACI 2000, le 12 février 2008.
[27] D.K., tenancière de cabine téléphonique dans la zone ACI 2000, le 13 février 2008.
[28] B.S., quartier-Mali en commune V, 10/01/2010.
[29] D.K. Badalabougou en Commune V, 28/12/2009.

qui se chargeaient de les rappeler. En outre, avec la concurrence entre les deux opérateurs de téléphonie Malitel et Ikatel SA, chaque opérateur de son côté a aussi investi dans le créneau des cabines téléphoniques – avec des portails respectivement dénommés *Welecom* ou *Digital*. Les communications se faisaient dorénavant par tranche de 50 FCFA la pulsion et en même temps, les frais d'installation et d'entretien des cabines ont été revues à la baisse. C'est au cours de cette période que l'APEJ contribua au financement des cabines téléphoniques à Bamako, Kayes, Ségou et Mopti dans le cadre de la lutte contre le chômage des jeunes.[30]

C'est alors que progressivement, en plus de la multiplication vertigineuse des portables, cabines faisaient un peu partout partie du décor de Bamako. Et dans le même temps, les cartes de recharge moins chères (2 000 et 2 500 FCFA) faisaient leur apparition sur le marché. Donc ce sont les effets conjugués de ces faits: La popularisation du portable et l'augmentation du nombre de cabines qui ont asséné les premiers coups aux cabines privées.

Après cette phase, ce sera l'amorce de leur déclin avec l'apparition des cartes de recharge 1 000 FCFA sur le marché. Ainsi, les cabines qui, jusque-là, se maintenaient plus ou moins, se verront ébranlées car, désormais, les clients ne les fréquentaient que pour de brèves communications. En fait, si un client réalisait qu'il devait faire une communication assez longue, il préférait s'acheter une carte de 1 000 FCFA pour communiquer dans la discrétion. Et enfin, tout a été bouleversé en 2008 avec l'avènement du *zêrin* '*mugan-mugan*'[31] par l'opérateur Orange-Mali sur le marché. C'était littéralement la révolution, un tournant dans le marché de la communication, où les cabines téléphoniques se sont vu contraintes de fermer étant donné qu'avec 100 FCFA de *zêrin* on peut alimenter son portable ou celui d'un proche pour communiquer dans la discrétion èt dans l'intimité, chez soi. C'était la fin de l'ère des cabines à Bamako.

> Avec la venue du *zêrin*, c'en était fini pour les cabines téléphoniques parce que même si c'était le même prix, avec le *zêrin*, on est discret. On achète 100 FCFA de crédit et on est discret. Vous restez chez vous et personne ne saurait ce que vous allez dire à votre correspondant; vous fournissez pas d'effort et puis le correspondant voit directement votre numéro.[32]

En fait, la concurrence entre les deux opérateurs téléphoniques (Sotelma-Malitel et Orange) et les politiques étatiques[33] ont consacré la (*Phone culture*) à

---

[30] A.O. Diallo, 'Cabines téléphoniques: Espèces en voie de disparition', 27/08/2009, http://www.malijet.com/a_la_une_du_mali/17073-cabines_telephoniques_espece_en_voie.html?print

[31] Traduction '100 F, 100 F' ou encore l'action de sucer.

[32] D.K., Badalabougou en commune V, 03/01/2010.

[33] Cf. 'La déclaration de la politique sectorielle des télécommunications le 27 juillet et amendée le 28 juin 2000 qui définit les orientations, les enjeux et les bénéfices attendus de la réformes', Politique nationale et plan stratégique des Technologies de l'Information et de la Communication, pp. 9-16

Bamako.[34] Ainsi l'hypothèse stipulant que 'L'intensité concurrentielle est (…) le facteur principal expliquant les degrés d'adoption des télécoms par la population'[35] est corroborée dans les faits à Bamako.

Selon une mission de la Banque mondiale, la compétition a permis une croissance exponentielle du parc d'abonnés au téléphone, une diversification des produits pour les utilisateurs et une baisse significative des prix.[36]

En suivant l'évolution du marché de la télécommunication, un fait mérite d'être relevé, car renvoyant aux techniques commerciales des compagnies à travers une baisse substantielle des coûts de communication. Pour la Sotelma, les prix sont passés de 502 FCFA l'unité en 2002 à 142 FCFA en 2006; or, au même moment, les cabines publiques cédaient l'unité entre 100 et 150 FCFA et parallèlement, aux mêmes périodes, le prix de l'unité à 266 FCFA chez Malitel a été ramené à 142 FCFA. Pour ce qui concerne Orange, l'unité est passée de 190 FCFA en 2004 à 130 FCFA en 2006.

Parmi les données, les baisses au niveau de la tarification demeurent un indicateur pour apprécier la désaffectation par la population des cabines téléphoniques. De l'unité de base de consommation, les compagnies de téléphone ont désormais opté pour la taxation à la seconde.

Ces baisses ont, en outre, substantiellement, concerné également le réseau mobile dans un contexte où le prix de cession des puces est passé de 200 000 FCFA à 500 FCFA. Cet ensemble de faits a joué pour bloquer ou asséner un coup d'arrêt dans la progression des lignes fixes et partant des cabines privées et publiques.

Si les logiques commerciales concurrentielles en œuvre chez les opérateurs de téléphone ont eu raison des cabines téléphoniques privées, cette situation n'est pas sans influence sur les cabines téléphoniques publiques. Leur seule opérationnalité consacrait les tentatives minimes du respect de l'engagement de fourniture de service universel en matière de télécommunications. Un tel engagement consiste à fournir un service téléphonique fixe à un coût raisonnable et à maintenir en état de marche le parc de cabines téléphoniques publiques.

Pour la Sotelma, cette responsabilité n'est pas contradictoire avec l'externalisation de la maintenance technique: 'Bien au contraire, cela va nous permettre de

---

[34] Nous empruntons l'expression à de Bruijn et Brinkman, *The Nile Connections Effects and Meaning of the Mobile Phone in a (Post) War Economy in Karima, Khartoum and Juba, Sudan*, Leiden, February 2008, p. 66.

[35] . Tcheng, H., J-M Huet & M. Komdhane, 'Les enjeux financiers de l'explosion des télécoms en Afrique subsaharienne', IFRI programme Afrique subsaharienne, févr. 2010, p. 7.

[36] Le Projet d'appui aux sources de croissance (PASC) financé par le bureau de la Banque mondiale au Mali estime que la densité globale a atteint 15% en juillet 2007, un taux au-dessus de la moyenne de densité globale dans la sous-région (12,8%).

conserver notre qualité de service. Pour la maintenir à niveau, nous avons besoin de la compléter par des ressources externes'.[37]

Si quelques techniciens s'occupent aujourd'hui de la maintenance des appareils de téléphonie sur la voie publique, la majorité d'entre eux va se reconvertir en interne, explique-t-on à la division développement de la Sotelma:

> Certains techniciens sont assez âgés, ils seront à la retraite où y sont déjà. Pour les autres, nous allons proposer des postes plus proches des clients ou qui offrent plus d'avenir. Réparer des cabines c'est bien, mais cela n'ouvre pas beaucoup de perspectives. Les techniciens vont donc occuper des postes plus valorisants. D'ailleurs, ce sont eux qui le demandent.[38]

Tableau 7.3   Les tarifs de communication à partir du téléphone fixe et mobile chez Sotelma-Malitel et Orange à la minute

Réseau fixe	2002	2003	2004	2005	2006	2007	2008	2009
Sotelma – Malitel								
Local	18	18	18	18	17,75	17,75	17,75	17,75
Interurbain	502	266	266	142	142	-	-	-
Vers mobile	266	266	266	142	142	142	142	142
Afrique	700	300	300	300	150	150	150	150
Reste du monde	1 825	600	400	285	285	198	285	198
Orange								
Fixe		-	190	155	130	110	10	10
Mobile		190	190	155	130	110	79	79
Autres fixes et mobiles		270	190	155	150	110	99	99
USA/Canada/Europe		399	399	399	150	190	50	50
Afrique		399	399	155	199	150	140	140
Roaming							190	190

Source: Rapport Annuel CRT, 2009.

La cabine publique est un objet singulier, à la fois très technique et profondément social.[39] Avec l'usage intense du téléphone portable, les cabines publiques se font moins nombreuses, mais la mission de service public qui leur incombe leur permet encore d'assurer un maillage homogène du territoire, dans les grandes métropoles comme dans les villes de moyenne importance. Les cabines publiques étaient installées en fonction de l'infrastructure et des technologies déjà en place. A travers ce service et du fait de leur implantation privilégiée, les cabines publiques jouaient un rôle de balise dans l'espace public. Elles devenaient

---

[37] A.T., un responsable de la division développement de la Sotelma.
[38] A.T., op.cit.
[39] Stéphane Vincent, 'Une nouvelle vie pour les cabines téléphoniques'. In: http://www.la27eregion.fr/Une-nouvelle-vie-pour-les-cabines.

une articulation entre les réseaux d'informations et les réseaux de transports en commun, permettant de fournir en temps réel des données contextualisées et constituant des points de mobilité partagés. Dans la pratique, l'accès à la communication était subordonné au recours à des cartes ou à de la monnaie. Les modes et les supports traditionnels de communication étaient affectés par le nouvel état de fait.[40]

> Le réseau des cabines téléphoniques publiques situées en zones urbaine et rurale occupait une dimension symbolique forte. Vieillissant, en déshérence aujourd'hui, il incarne aux yeux des populations la fragilité des services publics.[41]

Même après l'explosion du mobile, la cabine téléphonique conservait une utilité sociale. En transformant radicalement leurs usages, la Sotelma, opérateur historique malien, n'est pas pressée de maintenir en état les cabines publiques les plus urbaines, a fortiori celles rurales, et déjà une partie du réseau a disparu, même dans les villes. Pour certains usagers, l'opérateur historique n'aurait jamais dû supprimer les cabines téléphoniques fonctionnant avec des pièces: 'Souvent, c'est très pratique de téléphoner avec une simple pièce surtout la nuit en cas de panne ! (…). Et (lors)qu'il n'y aucun marchand d'ouvert (...)'.[42]

Mais la cabine est toujours un symbole fort en matière de maintien de liens, elle est un moyen de téléphoner si la zone n'est pas couverte par le réseau. Elle permet avant tout d'apporter des réponses rapides et ciblées à des problématiques de mobilité à partir d'un matériel disponible sur place.

Les touristes étrangers font aussi bon usage des cabines. Citons enfin les cas où la cabine est bien utile quand le mobile, tout moderne qu'il est, n'a plus de batterie ou que le forfait est dépassé. 'Cela permet également à certaines personnes de maîtriser leur budget: Elles achètent une carte et quand le crédit est épuisé, elles raccrochent tandis qu'à la maison, on fait moins attention'.[43]

Bien sûr, le portable a porté un coup sérieux aux cabines publiques. Leur durée moyenne d'utilisation a chuté entre 2003 à 2006. Et le phénomène ne risque pas de s'inverser. Il faut tout de même leur reconnaître des avantages et même des charmes auxquels on ne pensait plus. Au même moment, le pourcentage d'utilisation des téléphones portables ne cessait de croître. Le téléphone est devenu victime de son propre succès puisque les opérateurs, qui ne s'attendaient pas à un tel engouement, ont vu leurs équipements saturer. Il a fallu investir dans de nouveaux équipements pour répondre aux attentes des usagers. Il faut noter

---

[40] André Nyamba, 'Approche sociologique et anthropologique de la communication dans les villages africains'. In: Djilali Benamrane, Bruno Jaffré et François-Xavier Verschave (dir.), *Télécommunications entre Bien Public et marchandises*, Paris: Editions Charles Léopold Mayer, 2005, et Stéphane Vincent, op. cit.

[41] André Nyamba, 'Approche sociologique et anthropologique de la communication dans les villages africains', op. cit.

[42] M.K., routier de son état, Mopti - Sévaré, le 17 février 2008.

[43] F.T., usager des cabines publiques. Bamako, 15 février 2008.

que la facilité d'obtention d'un abonnement qui est très différent du mode d'abonnement du téléphone fixe classique, est l'une des causes de son succès. Rien d'étonnant lorsqu'on sait qu'environ le quart des Maliens sont équipés d'un téléphone mobile. A la Sotelma, l'explication donnée est sans appel: 'L'activité est en forte décroissance depuis plusieurs années. Elle n'est donc pas spécialement prometteuse. Nous préférons nous concentrer sur des activités davantage tournées vers l'avenir'.[44]

Une nouvelle vie pour les cabines téléphoniques

Avec le boom du téléphone portable et l'apparition de crédits parfaitement adaptés aux bourses des usagers, les cabines privées, qui avaient supplanté les cabines publiques, ont connu leur heure de gloire au cours de la décennie 1990 et jusqu'au début des années 2000, mais semblent condamnées à disparaître du paysage comme cela a été le cas des cabines publiques. De toutes les révolutions technologiques de ces dix dernières années, c'est celle de la communication qui aura sans doute le plus changé les modes de vie. C'est ainsi que la 'démocratisation' du téléphone, notamment le mobile, est aujourd'hui une réalité palpable. Il y a moins de 10 ans, le mobile était réservé à une poignée de privilégiés, devenant ainsi un objet de toutes les convoitises. A l'époque, certains se seraient damnés pour acquérir ce signe extérieur de richesse ou de visibilité sociale.

Mais la démocratisation du téléphone portable n'a pas arrangé les affaires de tout le monde. Les premières victimes de cette évolution ont été sans doute les cabines téléphoniques publiques et privées. Ces installations qui ont eu leurs heures de gloire sont en passe de disparaître du paysage urbain bamakois en termes de maintien des liens et de fourniture de services universels.

> Avec la cabine, je payais un impôt net de 36 500 FCFA par an à l'Etat. C'est le syndicat national des tenanciers de télécentres qui a pu le ramener à 14 500 FCFA et les taxes municipales atteignaient 36 000 FCFA. Au départ, les charges fiscales dépassaient 72 000 FCFA. Vous voyez, avec 10 cabines, le service des impôts percevait plus de 720 000 FCFA. Aujourd'hui, en mettant la clé sous le paillasson, la mairie ne gagne plus rien et l'impôt synthétique disparaît.[45]

Certaines cabines tentent de s'adapter en proposant le transfert d'images et de sons de l'ordinateur vers le téléphone portable. Elles ont très peu de clients depuis que le téléphone portable est devenu un objet grand public.

Sur une trentaine de cabines visitées au cours de notre enquête, trois seulement étaient opérationnelles. Les établissements qui résistent vivent tant bien que mal. Pourtant, au début des années 2000, rien ne laissait présager de telles difficultés pour les promoteurs. Les établissements avaient poussé comme des champignons

---

[44] Un responsable de la Direction commerciale de la Sotelma, Bamako, mai 2010.
[45] B.S. Badalabougou en commune V, 12/01/2010.

Chapter 7: Grandeur ou misères des cabines téléphoniques privées et publiques au Mali

dans les rues de la capitale pour répondre à la demande forte d'une clientèle nombreuse qui se recrutait dans toutes les catégories sociales.

Les cabines téléphoniques ne permettent plus aux tenanciers de faire de bonnes affaires. Tous sont formels. Les chiffres d'affaires connaissent une énorme baisse. Il faut dire que le téléphone portable est très pratique. Il est possible de communiquer en tout lieu et à tout moment, pourvu que l'endroit soit couvert par une antenne-relais d'un opérateur. Ce n'est pas un hasard si près du quart des Maliens disposent d'un appareil de téléphone mobile.[46] Son impact négatif est donc inévitable sur le secteur des cabines téléphoniques dont la fonction était de permettre à toute la population de disposer du téléphone dans la rue.

La fin du bon marché pour les cabines

La fermeture des cabines ne s'est pas faite d'un coup. Elle a été comme on le dit très souvent 'une longue marche'; laquelle marche peut être décrite en trois phases successives: L'époque de gloire, la démocratisation du téléphone portable avec l'apparition des cabines (portables) privées fonctionnant sur la norme GSM et l'apparition des recharges à faible coût (cartes de 2 500, 2 000 et 1 000 FCFA; *Zèrin*, *Nafama* et *Paani*) et les nombreuses promotions.

C'est alors que les tenanciers des cabines, chacun de son côté, essayeront de se frayer un.chemin soit en évoluant dans une autre branche de la téléphonie mobile ou bien en y restant tout en faisant autre chose ou encore en quittant tout simplement le marché de la téléphonie pour entreprendre une autre activité:

B.S., ancien employé de cabine: 'Je suis maintenant coxeur (négociant), c'est-à-dire un intermédiaire pour qui veut acheter ou vendre un terrain, une voiture, une mobylette, etc.'[47]

O.B., ancienne tenancière de cabine: 'J'ai été obligée d'arrêter comme beaucoup d'autres. Ils ont gâté notre affaire. Je travaille maintenant dans un salon de coiffure comme employée et si j'arrive à maîtriser ce travail, j'ouvrirai mon propre salon'.[48]

D.J., ancienne tenancière: 'Maintenant je vends des produits cosmétiques et des pagnes'.[49]

Ces exemples illustrent le fait que des anciens tenanciers ont quitté littéralement le marché de la téléphonie mobile pour faire autre chose.

A.D. tenancier: 'Aujourd'hui, je vends plus de portables et d'accessoires; en plus de cela, je suis demi-grossiste de cartes de recharge'.[50]

S.K. tenancière de cabine: 'Maintenant, j'ai toujours la cabine téléphonique, mais je vends les pagnes, les produits cosmétiques et je vends des cartes de recharges en gros et en détail'.[51]

---

[46] Les dernières données du CRT (Comité de régulation des télécommunications) montrent que plus de cinq millions de puces sont actives sur le réseau mobile en 2011.

[47] B.S. Badalabougou en commune V, 12/01/2010.

[48] O.B. Torokorobougou en commune V, 07/01/2010.

[49] D.J. Badalabougou en commune V, 30/12/2009.

[50] A.D. Badalabougou en commune V, 07/01/2010.

[51] S.K. Badalabougou en commune V, 05/012010.

Ces discours montrent que certains ont préféré ne pas abandonner totalement le marché de la cabine. Ils se sont donc adaptés au changement intervenu dans le marché en devenant revendeur de cartes, de transfert de crédit, de téléphones et/ou d'accessoires. Toutefois, certains d'entre eux font autre chose en plus de tenir une cabine. Tous ceux qui ont connu.'l'époque de gloire' des cabines consentent à reconnaître qu'en ces temps-là, ils n'avaient guère besoin d'une autre activité quelle qu'elle soit, sachant que les recettes étaient largement satisfaisantes.

S.T. révèle qu'il ne recevait plus que deux ou trois clients par jour, parfois aucun, malgré la baisse des tarifs. De nouveaux services se mirent à apparaître. Cette tendance est celle adoptée par O.D.[52] et D.K. qui présumaient que les cabines téléphoniques ne se maintiendraient plus à la même place dans le secteur des télécommunications et qu'il fallait y adjoindre des produits divers (parfums, mèches capillaires, chemises cousues sur mesure, tissus et articles de large consommation) avant d'abandonner définitivement le créneau.

Afin d'éviter de fermer leurs portes, certains promoteurs de cabines téléphoniques plus tenaces tentent de résister en proposant de nouveaux services et la Sotelma, de son côté, en constatant la baisse des chiffres d'affaires et sûrement en guise d'effet d'annonce d'une fin très prochaine des cabines privées dans les centres villes et les villes moyennes couvertes par les réseaux de téléphonie mobile, tentait de leur octroyer, en même temps, des facilités à travers des rabattements de charge (TVA, entretien de la ligne, la diminution drastique de la caution, etc.). C'est ainsi qu'il n'est pas rare de voir dans des cabines des services de photocopie, de reliure, de plastification et même de vente de boissons et d'articles divers. Certaines cabines téléphoniques proposent même le transfert d'images et de sons de l'ordinateur au téléphone portable. Ce dernier service semble avoir de l'avenir compte tenu de son lien étroit avec le boom de la téléphonie mobile.

> Aujourd'hui, je ne fais plus le travail de cabine, j'ai arrêté. Ça ne marche plus depuis l'avènement des téléphones portables, les choses ont commencé à ne pas aller comme autrefois. Je l'ai senti quand l'unité de cession est passée à 105 F et que nous la vendions 125 F; de plus, la Sotelma avait épargné aux tenanciers des cabines privées l'entretien du combiné à l'opposé de ceux qui avaient le téléphone fixe à domicile. Sinon, auparavant, on payait l'entretien de la ligne à 2 000 FCFA par mois. Aussi, la caution des cabines téléphoniques a été ramenée de 250 000 à 150 000 FCFA. Des promotions étaient de plus en plus courantes: Une manière d'encourager les promoteurs; la Sotelma savait qu'avec la popularisation des téléphones portables, les recettes avaient commencé à baisser, donc il fallait encourager les détenteurs de cabines. Tout de même, je reconnais avoir fait des réalisations à partir de la cabine. Jusque-là, j'ai tenu à garder ma ligne. Avant d'arrêter avec la cabine, j'avais eu un problème mais la Sotelma n'a pas bouché ma ligne, on m'envoyait seulement des lettres de rappel parce que j'étais considérée comme une bonne cliente, d'après les confidences des agents de cette société. J'avais la certitude qu'avec les portables un peu partout, c'était sûrement la

---

[52] O.D. Hamdallaye ACI, 23 mars 2008.

fin du bon marché pour les cabines. Donc je n'ai pas voulu m'aventurer dans la vente des cartes de recharge.

Quand j'ai décidé d'arrêter, j'ai été recouvré ma caution de 250 000 F à laquelle on a retranché 15 000 F pour que je garde la ligne ordinaire. Si la cabine marche, on n'a pas besoin de faire autre chose parce que le gain est rapide et on est tranquille. Même si le bénéfice par unité est maigre, le flux des usagers est rapide. Mais si ça ne marche pas, ce n'est pas une chose facile.[53]

Moins de clients, autant de factures, une guerre des prix, un manque d'imagination des tenanciers: Tel est le lot quotidien des cabines dans le secteur desquelles faillites et fermetures se multiplient. La morosité est l'ambiance la mieux partagée dans les cabines privées actuellement. Les clients ne se bousculent plus et les gérants passent la journée à se tourner les pouces. Les promoteurs expliquent leurs difficultés par la baisse constante des recettes. Les quelques clients qui se présentent sont en général des touristes et la rareté de la clientèle a conduit nombre de promoteurs à mettre la clé sous le paillasson.

Fonctionnaire de son état, O.D., ancien client de D.K, s'est procuré un portable depuis bientôt trois ans. Pour lui, il est beaucoup plus économique de téléphoner sur son téléphone mobile que d'aller dans les cabines téléphoniques: 'Le portable permet non seulement de sauver des vies humaines, mais aussi offre des applications de plus en plus performantes comme photographier, filmer de courtes scènes, écouter de la musique, regarder la télévision, envoyer des courriels, etc.'[54]

M.B. dite Mah était propriétaire d'une cabine téléphonique qu'elle gérait avec un 'business center', et qui était installée à proximité des chemins de fer entre les quartiers de N'Tomikorobougou et Badialan en commune III du district de Bamako. Les témoignages qui suivent illustrent parfaitement la trajectoire suivie par les cabines:

> Le *zèrin* a tué ma cabine. J'ai fermé boutique il y a bientôt un an. La situation n'était plus tenable.[55]
>
> Ce sont les cartes de 1 000 FCFA et le *zèrin*.qui ont asséné le coup de grâce aux cabines. Comment voulez-vous que les cabines marchent avec les produits comme *zèrin, nafama, paani* ? Avec ces nouveaux produits, c'était la fin des cabines téléphoniques. On a désormais accès au crédit de 100 F pour charger son téléphone. Dans ces conditions la cabine ne peut marcher sauf si on baissait fortement le prix de l'unité, surtout sur les appels internationaux et maintenant il y a encore Internet à partir duquel on peut appeler pendant longtemps à très moindre coût. Aujourd'hui, je suis dans le commerce général et surtout la vente des tissus burkinabé, de l'encens et d'autres produits de large consommation.[56]

---

[53] D.K., tenancière de cabine téléphonique dans la zone ACI 2000, le 13 février 2008.
[54] O.D., Hamdallaye ACI, 23 mars 2008.
[55] M.B. dite Mah, tenancière de cabine téléphonique, N'Tomikorobougou, 18 mars 2008.
[56] D.K., tenancière de cabine téléphonique dans la zone ACI 2000, le 13 février 2008.

En parlant de *zèrin*, Mah désigne des crédits de recharge de 100 et 200 FCFA introduits par les partenaires de l'opérateur téléphonique Orange-Mali, plus tard *nafama* et *paani* pour la Sotelma-Malitel:

> Avant, en dépit de la concurrence des téléphones cellulaires, l'on arrivait à tirer son épingle du jeu. Comme recette journalière, je n'avais pas moins de 5 000 FCFA. Au gré des événements, je pouvais même gagner 15 000 FCFA par jour. Mais depuis l'arrivée du *zèrin*, mes recettes ont fondu comme beurre au soleil. Vers la fin, à peine si je faisais 1 000 FCFA de recettes par jour. Il arrivait même des jours où je ne recevais aucun client. J'ai compris que c'était la fin d'une époque et qu'il ne servait à rien de s'accrocher.[57]

Aujourd'hui, M.B. a changé d'activité. Avec les économies réalisées pendant les années 'fastes', elle s'est convertie dans la restauration. Le cas de Mah est loin d'être isolé. Comme elle, nombre de jeunes avaient investi le créneau des cabines téléphoniques.

A l'époque, les 'business center' poussaient un peu partout à Bamako avec services de téléphone, de fax, de photocopie et de bureautique. Ces installations ont contribué à la lutte contre le chômage des jeunes. Chaque cabine téléphonique employait au moins deux personnes: Le promoteur lui-même et un employé.

Les promoteurs évoquent pêle-mêle le coût élevé des factures de téléphone et d'électricité. Certains promoteurs mettent en cause, sans beaucoup convaincre, le peu d'intérêt des Maliens pour les nouvelles technologies de l'information.

Papa, un promoteur de cabine téléphonique à Faladié Séma, relève la prolifération des cabines. Pour lui, il y avait assez de cabines du moment où les coûts d'installation ont été revus à la baisse: Ils variaient entre 75 000 à 100 000 FCFA.

Jupiter cybercafés est l'un des rares établissements qui marche encore. Son propriétaire n'a pas été avare en termes d'imagination et son établissement est ouvert 24 heures sur 24. Aujourd'hui, le promoteur est nostalgique de ses débuts en 2001, lorsque les clients faisaient la queue pour accéder soit au desk de téléphone, soit aux machines et que les rentrées d'argent étaient substantielles. La structure est à mille lieues de cette période de vaches grasses. Le gérant décrit la situation comme suit: 'Les cyber sont devenus très peu rentables. Les clients sont rares. Les coûts de l'électricité et du téléphone sont très élevés. Qu'il y ait des clients ou pas, la facture d'électricité et de téléphone tombe à la fin du mois. La maintenance des appareils est aussi chère. Mais ce sont surtout les providers qui handicapent beaucoup de cybercafés', explique-t-il.

La plupart des promoteurs de cabines avec cyber espace expliquent leurs difficultés par la baisse constante de leurs recettes: Les rentrées d'argent se révèlent insuffisantes pour couvrir les dépenses de fonctionnement de l'établissement: 'La qualité du service qu'offrent les providers, notamment la vitesse de la connexion,

---

[57] M.B. dite Mah, op. cit.

est si faible qu'à la longue, les clients abandonnent le cyber'. Aujourd'hui, c'est Ikanet (Orange Mali) son fournisseur d'accès: 'Avant, explique-t-il, la vitesse de la connexion était trop lente. Très souvent, les clients étaient frustrés. Maintenant ça va'. Le changement de provider exige de revoir tout le système du réseau et un tel investissement contraint nombre de promoteurs de cybercafés à fermer boutique. Un tel constat est également partagé par un responsable de la division marché des entreprises d'Ikatel-Ikanet (Orange Internet):

> Les cybercafés qui utilisent les services des 'Internet service provider' (ISP), finissent par se rendre à l'évidence qu'ils ne donnent pas satisfaction. La vitesse de connexion dont le client a besoin n'est pas disponible. En cas de problème avec la connexion directe avec les providers, le promoteur n'a pas accès directement à un interlocuteur. Ce qui fait que les promoteurs de cyber de ce type sont très exposés aux pannes et donc très fragiles.

Ce problème de fournisseur d'accès est sans doute à l'origine de la faillite de nombre de providers (Binta, Datatech, Agrobusiness Center, etc.).

Confrontés à une clientèle en net recul, des promoteurs ont cru trouver la parade en baissant les tarifs. Un tel dumping contraint les concurrents les plus proches géographiquement à suivre, au risque de creuser davantage leurs déficits. Ainsi de 1 000 FCFA, le prix de la connexion a chuté à 500 FCFA l'heure. Des cybercafés sont allés jusqu'à créer des tranches d'une demi-heure valant 250 FCFA. D'autres proposent aux clients de payer 500 FCFA sans limite de temps de navigation, avec un crédit courant même sur deux ou trois jours. La surenchère dans les formules attractives s'est emballée, devenant proprement suicidaire. Entraînés inexorablement dans la spirale de baisse de prix, nombre d'établissements ont fermé.

Dans leur malheur les cybercafés accusent les providers et citent assez peu la multiplication des salles informatiques dans les écoles. Pourtant ce facteur pèse dans leur situation actuelle puisqu'une bonne partie de leur clientèle se recrutait dans le monde scolaire et universitaire. Élèves, étudiants et professeurs constituaient le gros de la troupe des internautes réguliers. 'Très peu d'étudiants et de professeurs fréquentent les cybercafés actuellement parce qu'ils ont la connexion dans leurs établissements', soutient un enseignant. Le responsable technique d'Orange Mali estime, pour sa part, que le manque d'imagination peut aussi être retenu comme l'une des causes des difficultés que rencontrent les cybercafés:

> Beaucoup de promoteurs se contentent seulement d'offrir la connexion Internet. Alors qu'il faut développer plusieurs activités et de nombreux services dans un cyber. Ces services ont l'avantage de créer de la valeur ajoutée et de fidéliser les clients. Un cybercafé ne se résume pas uniquement à la connexion à Internet. C'est tout un service qui doit être initié tout autour pour en faire un véritable espace de loisirs.

Il suffit de visiter les cybercafés pour mesurer la pertinence de cette remarque. Très peu d'entre eux proposent des boissons en vente et d'autres produits courants en délaissant le créneau des cabines téléphoniques. L'investissement serait pourtant insignifiant.

Au-delà de cette analyse de marché, il y a lieu de chercher à expliquer la baisse de la fréquentation des cybers à Bamako par une analyse fine de l'offre du service lui-même (Internet) qui est, à mon sens, à prendre en considération. Les capacités de l'outil Internet sont inestimables et exploitables à partir du Mali même si les vitesses de connexion restent faibles (128kb pour 37 000 FCFA soit 56 €) et les tarifs élevés.

Mais, ici, il s'agit beaucoup plus de la connaissance de l'outil qui pose un problème.

S'il serait exagéré d'attribuer tous les déboires des cabines téléphoniques à l'apparition de produits comme le *zèrin*, 1 n'en demeure pas moins vrai que l'avènement des crédits de 100 et 200 FCFA a radicalement changé la donne.

Autre nouvelle tendance qui n'est pas de nature à arranger les affaires des cabines: La magie du transfert de crédit. Très répandue dans les milieux de jeunes, cette tendance est une nouvelle forme de solidarité et de partage.

Le déclin des cabines téléphoniques est à comprendre à l'aune du résultat de l'évolution de la technologie qui écrase du reste des emplois au fur et à mesure qu'elle avance. L'apparition des crédits prépayés appelés *zèrin* n'a fait que déplacer les lignes: 'Zèrin est surtout une affaire exclusivement de femmes. Ce sont elles qui détiendraient la plupart des points de vente dans les quartiers'.[58]

En admettant que la création de crédits prépayés 'low cost' n'a pas provoqué la ruine des cabines, ceux qui ont pris la place des cabines gagnent-ils cependant autant qu'il y a quelques années? Rien n'est moins sûr: La négative est la réponse de cette vendeuse installée non loin du centre islamique d'Hamdallaye:

> La marge bénéficiaire est très faible et je ne connais personne qui se consacre exclusivement à la vente de ces crédits comme c'était le cas avec les cabines. C'est peut-être même pour ça que peu d'hommes s'intéressent à l'activité. Non seulement la marge bénéficiaire est très réduite, mais le risque d'avoir des pertes est élevé. Ces risques existent au bout de chaque opération.[59]

Par ailleurs, certains observateurs relèvent qu'à cause de la concurrence à outrance qui règne sur le marché de la communication, les différents opérateurs de téléphonie (mobiles et fixes) ont contourné le circuit classique du commerce pour s'adresser directement au consommateur, empiétant du coup sur le domaine des intermédiaires. Selon eux, en tant que producteurs de biens et services, les opérateurs devraient céder des parts de marché à des distributeurs agréés dans l'offre de service (grossistes, demi-grossistes et détaillants). A ce propos, Mme Coumba

---

[58] A.O. Diallo, 'Cabines téléphoniques: espèce en voie de disparition'. In: *L'Essor*, du 20/08/2009.
[59] B.T., vendeuse de fruits, Hamdallaye, 17 mars 2009.

Sangaré de la direction commerciale d'Orange Mali assure que le *zèrin* n'est pas un produit directement vendu par sa structure et argumente:

> Orange vend les crédits à des grossistes agréés. Et, selon leur stratégie commerciale, ces opérateurs vendent le produit en fonction de leurs intérêts. La création de *zèrin* s'inscrit dans le cadre des politiques commerciales des partenaires d'Orange-Mali. Certes le produit porte le label Orange, mais il n'en demeure pas moins que le service émane des grossistes partenaires et non de la direction de Orange Mali, qui n'a ni le droit ni le pouvoir d'interférer dans la politique commerciale de ses partenaires. Mais, en tant qu'entreprise portée sur la croissance, elle n'arrêtera pas d'innover ses offres de services pour satisfaire ses clients.[60]

Le téléphone portable versus les cabines mobiles ou l'agir communicationnel en œuvre

Le téléphone portable, désigné par le terme '*mobile*'[61] en France et '*cellphone*' aux Etats-Unis est aujourd'hui adopté par tous et a pénétré toutes les professions et catégories sociales ou presque. Omniprésent, cet objet n'a pas manqué de modifier le quotidien, permettant aux interlocuteurs géographiquement éloignés de s'affranchir virtuellement des limites spatiales et temporelles. Cette 'présence connectée' avec un correspondant à distance se conjugue à une présence 'absente', car les excluant, vis à vis des tiers en présence. Elle demande alors des ajustements pour tenir compte de ces derniers, qui peuvent soit se trouver témoins d'une conversation, soit être contraints d'attendre la fin de l'appel pour reprendre l'activité collective interrompue. L'isolement des uns dans leur bulle intime répond à l'exclusion des autres. Autant dire que le mobile a radicalement transformé les modalités de l'être ensemble.

Offrant potentiellement la possibilité de créer des liens avec des inconnus à l'autre bout du monde, son usage ne doit pas pour autant menacer les liens existants avec les proches. Entre intimes, la connexion peut devenir permanente, en mode continu, comme une 'présence connectée'[62] et transformer le partage d'expérience. Ce mode connecté se caractérise par une succession d'appels ou de contacts, passés sous le coup de l'impulsion, qui mobilisent toutes les ressources de communication. Souvent à faible contenu informatif, ces appels ou interactions médiatisées (SMS, MMS, etc.) comprennent une forte dimension phatique[63] et permettent de transmettre une émotion quasi instantanément, notamment depuis que le mobile intègre un appareil photographique. 'M. et Mme Untel sont les

---

[60] A.O. Diallo, 'Cabines téléphoniques: espèce en voie de disparition', op. cit.

[61] C. Lejealle, 'Processus d'appropriation du téléphone portable professionnel chez les cadres supérieurs en France et aux Etats-Unis: Points communs et différence dans l'adoption de cet outil de travail chez les cadres supérieurs en France et aux Etats-Unis', ENST Bretagne, Département Lussi, Rapport, 2006.

[62] Licoppe C., 'Sociabilité et technologies de communication: Deux modalités d'entretien des liens interpersonnels dans le contexte du déploiement des dispositifs de communications', *Réseaux*, n° 112-113, 2002, pp. 173-210.

[63] Jakobson R., *Essais de linguistique générale. Tome 1: les fondations du langage*, Paris, Minuit, 1963.

heureux parents d'une fille/garçon né dans leur foyer ce jour. Le baptême est prévu tel jour à tel endroit', 'La réunion de notre Amicale des anciens de la promotion est convoquée tel jour', etc. Il n'est pas rare de recevoir de tels messages sur son téléphone portable, faisant de cet instrument non pas un objet de luxe mais un outil des relations sociales à 'l'africaine' mises à mal par la vie trépidante et stressante des mégalopoles que sont devenues certaines villes du continent.

'Je ne l'ai pas vu (un ami ou un parent) depuis un certain temps, mais on s'est eu au téléphone récemment', entendons-nous souvent au détour d'une conversation ou bien: 'Je t'appelle', lancé à un interlocuteur à qui on ne peut pas consacrer plus de temps sur le coup.

Il n'est pas non plus exclu de présenter ses condoléances, de féliciter pour un événement heureux (anniversaire, mariage, naissance, baptême, fêtes religieuses ou de fin d'année, etc.) par téléphone de vive voix ou par SMS (à envoi multiple ou à liste), en attendant de pouvoir faire le déplacement physique chez la personne concernée. Certains, plus compréhensifs que d'autres, mettent tout cela sur le compte des nombreuses obligations liées à la vie en ville.

Le mobile révolutionne ainsi tous les repères existants: Présence malgré l'absence, abolition des distances et ubiquité, décloisonnement des frontières entre différentes identités. En effet, contrairement au téléphone fixe dont le numéro est associé à un lieu donné et qui peut être collectif (téléphone familial au domicile, bureau, cabine), les études montrent que le mobile est un objet individuel rarement partagé.[64] Porté avec soi, toujours disponible, il constitue un cordon ombilical qui relie l'usager où qu'il soit, à son réseau individuel de sociabilité, zappant d'un appel à l'autre, entre plusieurs identités (intime, privée, professionnelle, associative). Usage des sonneries personnalisées,[65] filtrage en fonction de l'identification de l'appel mais aussi recours au double appel, autant de fonctionnalités au service de l'utilisateur pour gérer le partage du temps et de l'espace. Les processus en place dans l'entreprise, les modes de communication entre proches et les normes d'usages dans les lieux publics ont évolué avec l'arrivée de ce nouvel outil.[66]

---

[64] De C. Gournay, 'C'est personnel. La communication privée hors de ses murs', *Réseaux*, n° 82/83, mars-juin, 1997, pp. 21-40; De C. Gournay & A.-P. Mercier, 'Entre la vie privée et le travail: décloisonnement et nouveaux partages', *Actes du premier colloque international sur les usages et services des télécommunications 'Penser les usages',* Arcachon, 27-29 mai, 1997, pp. 379-387; M. Guillaume, ' Le téléphone mobile'. In: *Réseaux*, n° 65, 1994, p. 27-34 et J.-P. Roos, 'Sociologie du téléphone cellulaire: le modèle nordique'. In: *Réseaux*, n° 65, 1994, p. 35-44.

[65] C. Licoppe, R. Guillot, 'Les usages des sonneries téléphoniques musicales comme symptôme et contribution à une recomposition de la civilité téléphonique', Paris, ENST Working Paper, 2006.

[66] C. Lejealle, 'Processus d'appropriation du téléphone portable professionnel chez les cadres supérieurs en France et aux Etats-Unis: Points communs et différence dans l'adoption de cet outil de travail chez les cadres supérieurs en France et aux Etats-Unis', op. cit.

La solution du téléphone s'est ainsi imposée comme la plus simple et la plus économique. Elle est instantanée et devient de plus en plus accessible, en termes de coût et même de disponibilité de l'offre. Le Mali n'a pas échappé au phénomène d'augmentation de l'offre de communication. Le secteur des télécommunications a connu une forte croissance à la suite de la décision du gouvernement d'adopter une politique d'ouverture progressive du secteur bien qu'elle ait handicapé la Sotelma, à l'époque.

Tableau 7.4   Evolution du nombre d'abonnés de la téléphonie au Mali (2001-2009)

Années	Fixe	Mobile	Nombre abonnés	Progression globale	Télédensité globale
2001	50 764	23 997	74 761	-	-
2002	56 603	45 974	102 577	102%	-
2003	60 925	247 223	308 148	200%	-
2004	65 834	406 861	472 695	53%	4,1%
2005	75 904	761 986	837 890	77%	7,2%
2006	82 521	1 505 995	1 508 516	90%	13%
2007	80 005	2 530 885	2 610 890	64%	20,8%
2008	76 544	3 438 568	3 515 112	35%	27%
2009	84 796	4 460 543	4 545 339	29%	31%

Source: CRT, Rapports annuels 2006 à 2009.

Avec le réseau mobile, la concurrence est effective. Ce secteur du marché des télécommunications a connu une croissance dépassant les prévisions les plus optimistes grâce à la libéralisation du secteur qui a drainé d'importants investissements privés. Le nombre d'abonnés à la téléphonie mobile est passé de 45 974 abonnés en 2002 à près de 4 460 543 en 2009.

La concurrence a fait s'accroître le parc d'abonnés d'une manière significative et a généré beaucoup d'emplois directs et indirects. Orange revendique 250 emplois directs et 10 000 indirects dans le réseau de la distribution, des points de ventes ainsi que dans les télécentres Orange. L'entreprise réalisait en fin 2006 un chiffre d'affaire de 100 milliards de FCFA. Au cours de l'inauguration de sa fibre optique à Mopti (mai 2010), son PDG soutenait que sa société aurait plus de 3 800 000 abonnés et au même moment, Sotelma/Malitel comptait 780 000 abonnés au mobile. Ainsi le Mali totalisait plus de quatre millions d'abonnés aux mobiles le 08 mai 2010.[67]

---

[67] Entretiens avec Baba Konaté, conseiller au ministère des Nouvelles Technologies et de la Communication.

De sa création en 2002 à mai 2010, Orange Mali aurait payé 48 milliards de FCFA à titre d'impôts, taxes, cotisations sociales et droits de douane; 20 milliards de chiffre d'affaires pour les fournisseurs locaux et plus de 41 milliards de recettes en devises, versés par les opérateurs étrangers, représentant l'équivalent de 10% des exportateurs du pays pour l'année 2009; le cumul des investissements s'élevait à plus de 225 milliards et la société serait présente dans plus de 8000 localités du pays contre 1 500 pour la Sotelma-Malitel.[68] La concurrence entre les deux opérateurs a aussi conduit à une importante baisse des prix aussi bien pour les communications locales qu'internationales.[69]

Le parc global (fixe et mobile) pour l'année 2009 est réparti de la manière suivante: Le parc fixe représente 2% du parc global contre 98% pour le parc mobile.

Le tableau ci-dessus donne un aperçu des tendances d'accès et d'usage du téléphone (fixe et mobile) au Mali. Il fait ressortir également l'engouement moindre pour l'usage du fixe bien que la progression constatée entre 2003 à 2006 soit largement attribuable à l'essor des cabines téléphoniques privées, de la floraison des PME/PMI et du regain pour le téléphone fixe dans les familles. Cette tendance est contrastée en termes de revenus tirés de l'usage de l'un ou de l'autre et qui soit, aussi, révélatrice de la décadence des cabines téléphoniques privées et publiques entre 2004-2005. C'est dire que la progression du nombre d'appareils de téléphone fixe (2003-2006) n'est pas indicative du volume de la consommation comme c'est le cas pour le téléphone portable: D'où notre hypothèse que le maintien du service public est plus qu'un leurre dans un contexte où l'accent est mis sur la réalisation de la croissance et du profit que de la fourniture d'un accès universel au profit des populations.

Tableau 7.5 Revenu par réseau de 2001 à 2009 (milliards de FCFA)

	2001	2002	2003	2004	2005	2006	2007	2008	2009
Revenu fixe	45,47	50,98	46,78	54,54	41,41	31,57	32,21	29,73	23,63
Revenu mobile	5,66	11,78	33,16	62,80	88,28	131,60	174,34	191,70	218,79
Revenu global	51,13	62,75	79,94	117,34	129,69	163,17	206,55	221,42	242,42
Progression revenu global	-	37%	200%	47%	11%	26%	27%	7%	9%

Source: Rapport annuel 2009 du CRT, p. 13.

---

[68] 'Telecoms, Internet and Broadcast in Africa'. In:
http://www.balancingact-africa.com/news/fr/edition-en-francais-no-134-4-juin-2010.

[69] Pour les communications internationales le prix a baissé de 700 à 120 FCFA pour la zone 1 et de 3 000 à 242 FCFA pour la zone 2 soit une baisse allant de.83% à 92% entre 2002 et 2007. De même, le prix de la puce a été réduit de 200 000 FCFA en 2004 à 1 000 FCFA en 2006 (1 000 FCFA pour communication incluse).

Il y a lieu tout de même de remarquer que les recettes engrangées à partir du téléphone mobile contrastent fortement avec celles du fixe et semblent être largement indicatives du déclin des cabines publiques et privées et surtout de la fin de la philosophie qui a prévalu à leur installation: 'le service universel, une exigence de service public'.

Malgré la baisse de la fréquentation due à l'émergence de la téléphonie mobile, les opérateurs de téléphonie continuaient à proposer des cabines téléphoniques, comme le faisaient Malitel et Orange.

Percevant les opportunités qu'offraient les cabines en matière d'emploi, l'Agence pour la Promotion de l'Emploi des Jeunes (APEJ) s'était intéressée au créneau. Elle a ainsi financé l'installation de nombre de cabines. Le chef du département 'entreprenariat jeunesse' de l'APEJ explique qu'entre 2005 et 2007, l'Agence en partenariat avec Prismo Systèmes et Digital Net Mali (intervenant dans le secteur de la téléphonie mobile) a contribué au financement de 1 048 cabines téléphoniques à Bamako, Kayes, Sikasso, Ségou et Mopti. L'opération a coûté à l'APEJ et à ses partenaires environ 288 millions de FCFA.[70]

Aujourd'hui, beaucoup de ces cabines ont fermé ou offrent des services différents des appels téléphoniques. Seules quelques-unes continuent à fonctionner. L'APEJ a commandé une étude pour faire une évaluation complète de la situation de ces cabines.

Au départ, les cabines téléphoniques étaient essentiellement des produits de l'opérateur historique Sotelma-Malitel. De son côté, Orange-Mali avait aussi initié des cabines qui n'ont connu qu'un succès éphémère. Parallèlement, les opérateurs de téléphonie mobile proposaient des cartes de recharge de 1 000 FCFA ou 2 000 FCFA et d'autres produits pour à peine 100 FCFA.

Jusqu'à une période récente, les télécommunications, encore appelées 'communications à distance', étaient considérées comme un luxe, à ne satisfaire qu'après avoir réalisé les investissements nécessaires à l'eau, l'électricité et les routes. Ceci est peut-être dû au fait que leur domaine n'est souvent pas considéré comme relevant de celui d'une science, mais plutôt comme des technologies et techniques appliquées. Cette vision est différente de certaines considérations actuelles, dans les pays d'Afrique qui veulent participer à la société de l'information.

Au Mali, si le téléphone a d'abord été perçu comme un objet de consommation, ses usages et appropriation semblent prendre une place très différente. Il joue un rôle moteur dans la création de richesses et de micro-entreprises. Schumpeter semble finalement l'emporter sur Keynes: C'est l'innovation et les entrepreneurs, plus que les grands travaux gouvernementaux, qui produiront le déve-

---

[70] Ramata Tembely, 'Conseil d'administration de l'Apej: 1 457 jeunes s'inscrivent en stage de qualification cette année'. In: *L'Indépendant* du 07 novembre 2006.

loppement des pays pauvres. On constate tout de même que les sociétés de télé-communications ont fait place au tout mobile. La logique du directement tout profit, de la croissance, n'a-t-elle pas eu raison des aspects sociaux de la logique économique ?

Au regard d'une telle situation où les enjeux de rentabilité s'avèrent très importants, l'on se rend compte que la mobilité devient le seul garant de cette rentabilité: 'Pour faire du chiffre d'affaires, il faudra désormais aller auprès des consommateurs' nous dira un tenancier de cabine.

N'est-ce pas là une preuve indéniable du rôle du marketing, même si les uns et les autres le pratiquent sans pourtant savoir vraiment ce qu'il est et ce à quoi il sert? Il est quand même intéressant de se distinguer de son ou ses concurrents. Toutes les stratégies quelles qu'elles soient sont mises en œuvre pourvu qu'elles permettent de se singulariser de la concurrence et surtout de maximiser son profit. Ceci relève du marketing et certains irréductibles des cabines l'ont compris en initiant, parallèlement, d'autres activités commerciales, même si celles-ci aujourd'hui ont pris le dessus sur la vente de crédit de téléphone. Les cabines ont connu leur période faste, elles ont permis à plus d'un de s'enrichir. Par ailleurs, leur développement paraît, pour l'instant, limité du fait des choix stratégiques des opérateurs de téléphonie soutenus par l'engouement suscité par le portable auprès des populations tant urbaines que rurales.

A ce jour, aucune cabine téléphonique publique ne serait encore opérationnelle et très peu de cabines privées fonctionnent dans le district de Bamako. En cela, l'état des lieux et les offres de fourniture du service universel en matière de télé-communications au Mali ne semblent pas suivre le même processus qu'en Occident où le fixe (cabine) joue encore un rôle considérable de même que le service postal.

Références

ANONYME, 'La déclaration de la politique sectorielle des télécommunications: Les enjeux et les bénéfices attendus de la réforme'. In: *Politique nationale et plan stratégique des Technologies de l'Information et de la Communication*, 27 juillet et 28 juin 2000, pp. 9-16.

CARMAGNAT, F. (2003) *Le téléphone public: Cent ans d'usages et de techniques*. Paris: Hermès Science/Lavoisier.

CRT (Comité de régulation des télécommunications), Rapports annuels (2006 à 2009).

DE BRUIJN, M. & I. BRINKMAN (2008), *The Nile connection, effects and meaning of the mobile phone in a (post)war economy in Karima, Khartoum and Juba, Sudan*. Leiden.

DE BRUIJN, M., F. NYAMNOH, & I. BRINKMAN (2009), *Mobile phones: The new talking drums of everyday Africa*. Bamenda: Langaa/ASC.

DE GOURNAY, C. (1994), 'C'est personnel. La communication privée hors de ses murs', *Réseaux*, n° 82/83, mars-juin 1997, pp. 21-40.

DE GOURNAY, C. & A.-P. MERCIER (1997), 'Entre la vie privée et le travail: Décloisonnement et nouveaux partages'. In: *Actes du premier colloque international sur les usages et services des télécommunications 'Penser les usages'*. Arcachon, 27-29 mai, pp. 379-387.

DIALLO, A.O. (2009), 'Cabines téléphoniques: Espèce en voie de disparition', *L'Essor* du 20/08/2009.

DIBAKANA, J.A. (2008), *Figures contemporaines du changement social en Afrique*. Paris: L'Harmattan.

GUILLAUME, M. (1994), 'Le téléphone mobile', *Réseaux* 65: 27-34.

GUINDO, S.I. (2005), 'L'APEJ et prismo systèmes sur le front de l'emploi: Lancement du projet 1000 télécentres mobiles', *L'Indépendant* du 08 août 2005.

JAKOBSON, R. (1963), *Essais de linguistique générale. Tome 1: Les fondations du langage*. Paris: Minuit.

LAFILE, A. (2001), 'Les cyber centres du Plateau de Dakar: Enquêtes sur les lieux et les usages d'internet'. Rapport de stage. Bordeaux IV: IEP, septembre 2001.

LAINÉ, A. (1998-1999), 'Réseaux de communication et réseaux marchands en Afrique de l'Ouest: Premiers éléments sur l'accès et les usages des NTIC dans le domaine du commerce en Guinée et au Sénégal'. Mémoire de DEA Etudes africaines. Bordeaux IV: IEP, 1998-1999.

LANCRY, C. (2001-2002), 'Réseaux et systèmes de communication dans une région de passage: La région de Sikasso au Mali'. Mémoire de DEA. Université Cheick Anta Diop de Dakar: Géographie, 2001-2002.

LEJEALLE, C. (2006), 'Processus d'appropriation du téléphone portable professionnel chez les cadres supérieurs en France et aux Etats-Unis: Points communs et différence dans l'adoption de cet outil de travail chez les cadres supérieurs en France et aux Etats-Unis'. ENST Bretagne: Département Lussi. Rapport.

LICOPPE, C. (2002), 'Sociabilité et technologies de communication: Deux modalités d'entretien des liens interpersonnels dans le contexte du déploiement des dispositifs de communications', *Réseaux* 112-113: 173-210.

LICOPPE, C. & R. GUILLOT (2006), 'Les usages des sonneries téléphoniques musicales comme symptôme et contribution à une recomposition de la civilité téléphonique', Paris: ENST Working Paper.

MELE, A. (2004), 'Pour une analyse critique de la déréglementation du secteur des télécommunications au Mali', Université de Toulouse 1, Institut d'Etudes Politiques, DESS: Rapport de Stage/CSDPTT, novembre 2004.

OUENDJI, N.N. (2009), 'Téléphonie mobile et débrouille en Afrique: Réflexions sur le statut des *call-box* au Cameroun'. In: D. Darbon (dir.), *La politique des modèles en Afrique: Stimulation, dépolitisation et appropriation*, Paris: Karthala, pp. 213-230.

ROOS, J.-P. (1994), 'Sociologie du téléphone cellulaire: Le modèle nordique'. *Réseaux* 65: 35-44.

SIMÉANT, J. (2011), '"Non, marchons, mais ne cassons pas" ! La rue protestataire à Bamako dans les années 1992-2010'. Communication, Bamako, avril 2011.

TCHENG, H., J-M. HUET & M. KOMDHANE (2010), 'Les enjeux financiers de l'explosion des télécoms en Afrique subsaharienne', *Ifri programme Afrique subsaharienne*, Paris/ Bruxelles, février 2010.

TEMBELY, R. (2006), 'Conseil d'administration de l'Apej: 1457 jeunes s'inscrivent en stage de qualification cette année'. In: *L'Indépendant* du 07 novembre 2006.

Périodiques

'800 000 lignes de téléphonie mobile attribuées en 2009 au Mali', *Afrique Avenir*, 5 janvier 2010.

'APEJ – Société Star Cell', *Le Républicain*, no. 2104 du 06 mars 2006.

'Télécentres: 1000 jeunes s'installent', *L'Essor* du 09 août 2005.

L'Essor du 12-01-2006

L'Indépendant du 03-03-2009

Réseaux, no. 82/83, mars-juin 1997, pp. 21-40.

Sources électroniques

'Telecoms, Internet and Broadcast in Africa'. In: http://www.balancingact-africa.com/news/fr/edition-en-francais-no-134-4-juin-2010

'CMC à Koutiala: Utilisation conjuguée de l'internet et de la radio au Mali'. In: http://www.cities.lyon.fr/initiatives/98.html

'L'installation de jeunes à travers 1048 centres téléphoniques', *Le Prétoire* dans Maliba.com

CRDI. 'Technologies de l'information et de la communication au service du développement', *Acacia*, 2002 (http://www.idrc.ca/fr/ev-5900-201-1-DO_TOPIC.html) http://www.malitel.ml/decouvrir/historique

L'Aigle de Songhaï, n° 37, second trimestre 1999 (http://www.songhai.org/)

MERSADIER, G., 'Internet.et télécentres connectés: Définition, description et spécificités africaines'. In: *www.inter-reseaux.org/ancien/publications/enlignes/RTF/INET_TELE.rtf*

UIT, Evolution institutionnelle du secteur des télécommunications au Mali, Rapport de consultation, août 1995.

MELE, A. & Y. SANGARÉ, 'Les télécoms et le service public au Mali'. In: www.csdptt.org/article419.html

NYAMBA, A. (2005) 'Approche sociologique et anthropologique de la communication dans les villages africains'. In: D. Benamrane, B. Jaffré & F.-X. Verschave (dir.), *Télécommunications entre bien public et marchandises*, Paris: Editions Charles Léopold Mayer. (http://csdptt.org/article388.html)

VINCENT, S., 'Une nouvelle vie pour les cabines téléphonique', http://www.la27eregion.fr/ime-nouvelle-vie-pour-les-cabines .

8

Information & communication technology and its impact on transnational migration: The case of Senegalese boat migrants

Henrietta M. Nyamnjoh

Abstract

Transnational migrants today are characterized by a more elastic relationship with family and friends as a result of their ability to forge and sustain simultaneous multi-stranded social relations linking their societies of origin and of settlement. This is due to the possibilities offered by new Information and Communication Technology (ICT) and the revolution in air travel that allow migrants to maintain family ties or ties amongst themselves in their host country. This chapter suggests that Senegalese boat migrants are effectively using ICT not only to stay in touch with the home country but equally to transform the lives of family left behind as well as protecting the socio-cultural values of their home society. It is argued that ICT plays an important role in the lives of migrants. Critical to understanding the migrants' use of ICT is the inextricable link to the margins given that boat migration was considered illegal by the authorities in Senegal and Spain. The margins, seen here in terms of economic and geographic perspectives, thus become the perfect space for migrants to thrive in their illegality.

Introduction: Fatou's story

Fatou has two migrant sons living in Spain and a brother there. All three successfully migrated by boat. She is also the aunt of my research guide in Dakar. Mohammed, an unsuccessful migrant, introduced me to some of his family who live in Yarakh on the outskirts of Dakar and during one of our regular visits to Fatou's house in 2008, a letter and parcel arrived from her sons in Spain with some photos enclosed. Like wildfire, news of the photos spread through the neighbourhood and soon the compound was full of curious neighbours who had come to see how much the men had changed and how 'Europeanized' they had become:

'They are now real *modou modou*'[1], 'see how fresh looking they are' and 'life is really good for them out there' were some of the comments. Fatou was overwhelmed and all she could do was place the photos on her chest and look up to the sky to praise God '*Yala bhana*' ('Praise be to Allah') as tears streamed down her cheeks. The wife of one of the sons could also not hide her emotions as she stared at the pictures. These were the first set of photos they had received since the men's departure in December 2006. Every detail on the photo and their physical appearance, clothes and posture were commented on. Everything pointed to the fact that they were doing well, as could be seen from the gifts and money they sent for the feast of Tabaski. It also upheld people's perception of Europe as a continent of affluence. Soon after migrating to Spain, Fatou's son had refurbished her room, bought her a new bedroom suite and installed a fixed phone.

The joy of receiving the photos and gifts and the commotion it caused mirrors not only the notion of transnational migration and the process of engagement back home but also the expectations of those left behind. This chapter suggests that boat migrants are effectively using information and communication technologies (ICT) not only to stay in touch with the home country but also to transform the lives of those left behind as well as preserving their socio-cultural values. Prior to her sons' departure, Fatou had had no fixed phone at home and the wife of one of her sons did not have a cell phone but as soon as the men settled in Spain, they arranged for a fixed phone in Fatou's bedroom and sent a cell phone to the spouse left behind so they could stay connected with home. The phone becomes what Palen *et al.* (2001, in Geser 2004: 12) describe as the 'umbilical cord' that joins mothers and family with their migrant family members.

Although migrants maintained links with relations and friends back in their home country prior to the ICT revolution, it is now possible for migrants to live a life of what Grillo & Mazzucato (2008) refer to as a process of 'double engagement', i.e. the ability to be 'here' and 'there'. This contribution deals with one aspect of this double engagement, namely engagement with 'back home' amongst Senegalese migrants in Spain, and focuses on how they are able to sustain and maintain links with their relatives in Senegal through ICT. In the literature on transnational migration, very little attention has so far been paid to the pivotal role of ICT in transnational migration; especially among Senegalese boat migrants (Tall 2004). One of the major aims of this study is an attempt to fill this lacuna.

---

[1] A common name used in Senegal to refer to migrants.

Literature review

Increasingly, migration has moved from the notion of uprooting migrants from their country of origin and crossing distinctive borders with the migrant completely assimilated into their new countries to what Portes & de Wind (2007: 9) call transnationalism. This represents

> (the) obverse of canonical notion of assimilation, sustained as the image of gradual but irreversible process of acculturation but integration of migrants to the host society. Instead, transnationalism evokes the alternative image of a ceaseless back-and-forth movement, enabling migrants to sustain a presence in two societies and cultures and to exploit the economic and political opportunities created by such dual lives.

Although many transmigrants are becoming firmly rooted in their host country, they still maintain ties of sentiment as well as material exchange with their place of origin. This reiterates Kaag's (2008) suggestion that migrants keep abreast of what is happening in their home country but also want to make a living in their newly found home to meet the demands from back home. Such trends run counter to orthodox assimilation theories that assume that immigrants are unlikely to continue to be involved in the socio-cultural affairs of their homeland. ICT plays a major role in this process. The mobile phone culture has enabled migrants to appropriate the use of the phone for social change and development (de Bruijn *et al.* 2009). Fatou's sons have been able to transform the lives of their family, especially their mother, thanks to the phone.

Transnationalism has gained momentum because of the revolution in air travel and ICT (Mazzucato 2004: 131). According to McHugh (2000: 80), the idea of transnationalism is not new but advances in communication and transport have greatly accelerated linkages between far-flung communities. Kane (2002: 252) argues that mutual help structures at village and neighbourhood level long preceded migrants' mutual-help relationships, traditions that migrants have tried to keep. Migrants have never broken their bonds with the family back home because they do not see their departure as a complete break with the society they come from. Arguing along similar lines and acknowledging the ICT revolution, Schiller & Basch (1995: 52) stress that migrants have always had linkages with their homelands, making 'home and host society a single arena of social action' and thus making communication in the past less obviate, and slower.

Today's transnational migrants are characterized by a more elastic relationship as a result of the migrants' ability to forge and sustain multi-stranded social relations that link their societies of origin and settlement. It is due to the possibilities of ICT that migrants can maintain family ties or ties amongst themselves in the host country (Schiller & Basch 1995; Riccio 2006; Mazzucato 2004; Grillo & Mazzucato 2008). Migrants have succeeded in breaking down former boundaries and barriers, which has led to the 'annihilation of space' (Mountz & Wright

1996, quoted in McHugh 2000). Transnational migration 'highlights, the incessant dialectical interplay of desires, identities and subjectivities in multiple sites in order to understand processes of belonging, exclusion and affiliation that are produced through migration' (*Ibid.*, quoted in Lawson 2000: 174). According to Mazzucato (2004: 142), 'transnational borders are not perceived as discrete lines on geographic maps but as territorial zones that manifest the limits of state power'. Related to this, McHugh (2000: 85) shows how O'Keefe, when writing her letters to friends in New York, closed with the phrase 'from the faraway nearby'. He goes on to say that 'this oxymoronic statement captures the *zeitgeist* of modern age: The stretching of human bonds and social and cultural systems across expanses of space and time thanks to the internet'. Distance and space have thus been shrunk and it is in this way that Fatou's sons and brother and other migrants can be constantly present in the lives of those they have left behind. Most spouses acknowledge that the distances between them has been compressed by the cell phone and, apart from a lack of physical contact, they feel their presence due to routine conversations.

Migrants sustain transnational networks through their use of ICT. Using the example of Senegalese boat migrants, I argue that ICT plays an important role in the lives of the migrants as they inform themselves about the possibilities of migration and the challenges that need to be minimized. They also contact people in the country of destination to maximize the opportunities and minimize the challenges there. Critical to understanding the migrants' use of ICTs is the link to the margins given that the notion of boat migration was seen as illegal by the authorities in Senegal and Spain. The margins thus become perfect spaces for the migrants to thrive in their illegality, and seen here in terms of the economy and geographic perspectives. In addition, they use information to stay in touch at home and contribute to the cultural activities held in their absence. And, through the new networks forged in the host country, migrants use ICT to stay in touch with migrants in the host community too and create the possibility for meetings that allow them to re-enact their cultural values and maintain the status quo, especially as migrants are often not visible in the host communities where their presence is viewed by locals as a nuisance. Such is the case of Senegalese migrants in Brescia, Italy (Kaag 2008), and boat migrants in Spain are also often subjected to frequent arrests. Lastly, ICT is used to send remittances home at times of success and to transform the lives of those left behind. It has played an important role in the lives of Fatou's sons who have used it, like other migrants, to maintain substantial commitments that link them with close relatives. How do migrants negotiate the migration process with the help of ICT? What are the changes that these connections have effected in society? And what are the ripple effects of these changes on the family and society at large?

Research was conducted in Yarakh, Thiaroye-sur-Mer, Kayar, M'bour and St Louis in Senegal over a seven-month period between July 2008 and January 2009. These localities were chosen because they are the areas that most of the boat migrants came from and acted as points of departure. They were the perfect margins for such 'illegal' mobility to thrive as it steers clear of the long arm of the law given the mutation in localities. The first three loci are situated a few kilometres from the outskirts of Dakar, while Mbour is some 80 km southeast of Dakar and St Louis is 180 km north of the capital.[2]

In these localities, I interacted closely with families and neighbours who had relatives in Europe, especially those who had migrated by boat. I also engaged in participant observation of cultural festivals, such as christenings, and spent time with retired fishermen and young men at the hangar[3]. In addition, I conducted open-ended interviews with families who had relatives in Europe and with returned migrants who were still aspiring to migrate. Life histories proved useful as they gave insight into people's pasts and allowed comparison with the present.

Sourcing for information

Migration usually begins virtually. Apart from the physical movements and journey, it is by mobile phone that would-be migrants stay connected and in close touch with friends to provide information and receive news about who is preparing a boat and from where. Mobile phone communication has penetrated every nook and cranny and increased their connections, thus allowing them to stay virtually present at the different points of departure and to make decisions based on the information they receive. Mbacke, who is 28 years old, has been repatriated twice from the Canary Islands but is still determined to migrate so he is in constant communication with friends in Nouadhibou and Nouakchott (Mauritania) and looking for information on who is preparing a boat. Having left his contact details with friends, he asked any interested conveyor to get in touch with him so he could captain a boat to the Canary Islands. By the same token, conveyors' phones are equally busy, with migrants ringing to get more information about imminent departures. For instance, the mobiles of Tall and Modou,[4] both conveyors, were constantly ringing as would-be migrants knew that they were trust-

---

[2] In St Louis, my hostess's spouse was a migrant in Italy. Here, I observed the use and importance of the fixed phone. This was the principal medium of communication between the migrant and his family. And the phone was equally used by neighbours who did not yet have one to receive phone calls from relatives abroad. For this reason, it was installed on the wall in the corridor outside the main living area.

[3] A hut-like structure built by the beach where fishermen relax and hold meetings when they do not go fishing.

[4] Interviews in St Louis, 12/09/2008.

worthy conveyors.[5] They received a lot of international calls from relatives of migrants asking them to go to the different money-transfer agents to collect money to transport relatives. This was as a result of the migrants they had transported having spread news of their activities.

Information is needed about the possibilities and challenges of migration but also to inform relatives and friends in the country of destination of their imminent arrival. Before leaving for Spain, Therno had the phone numbers of his friends in Spain and Italy for when he was released from the Spanish detention centre. He called his friends in Italy who told him how to catch a bus from Spain to Italy. This confirms accounts by Riccio (2006: 100) that *'un Sénégalais ne part jamais seul, il a toujours un adresse en main (...) on essaye d'exploiter au maximum les deux pays'.*[6]

Moussa, a migrant who managed to get into Spain, was nevertheless repatriated because his cousin was unable to collect him from the Red Cross camp in spite of his repeated phone calls.

Transnational networks and connectedness with home

Networking amongst migrants is done consciously and unconsciously by choosing the extent to which they engage in activities with fellow immigrants. These networks are structured by mutual obligations and embedded in complex systems of loyalty. Local networks can be vital to everyday life by providing information on housing, employment and basic needs. Little wonder then that after being released from Red Cross detention centres on the Canary Islands, migrants head straight for Barcelona, Madrid or Valencia where there are strong Senegalese networks amongst migrants who feel safe and secure amongst kinsmen. A case in point is Thiane. He is 44 years old and has two wives and seven children. He has never been to school and nor have any of his children. The first two joined him in fishing and he plans to retire soon. Thiane left for Spain without any contacts but was encouraged to go because of news of the strong Senegalese community there. And after his release, he asked to be flown to Barcelona because of the community centre that offers free, temporary accommodation to newly arrived migrants for three months, which allows time to find employment and a place to live. The benefits are attractive as there is also the chance for migrants to get jobs through earlier migrants' networks. In the absence of a job, they are sure of having a soft (interest-free) loan to start off as a hawker, like others before them. Transmigrants thus interact in highly complex transnational networks that pro-

---

[5] Not all conveyors are trustworthy as they may only be interested in profits and not invest much in the journey.

[6] 'A Senegalese never leaves empty-handed and will always have an address at hand (...) we try to exploit the two countries to the maximum.'

vide information about employment, facilitate the transfer of money to family and the home village, and offer a means of identification with the home country through social gatherings, as is the case among Senegalese migrants in New York (Babou 2002) and Brescia, Italy (Kaag 2008; Riccio 2006).

The degree of connectedness between migrants and their family and migrants and friends back home can be seen as the engine that propels transnationalism. Migrants usually operate on a day-to-day basis with knowledge of life back home, with connections forged via cell phones or fixed phones, camcorders, videotapes and VCRs. This is what Horst & Miller (2005) describe as 'linking up'. Air travel and wiring money via money-transfer agencies and the Sufi Brotherhood[7] machinery facilitate rapid migration and being 'there' in absentia. Developments in ICT have qualitatively transformed the character of migrant transnationalism, turning it into a far denser and more dynamic cross-border exchange than anything that would have been possible in pre-ICT times. For instance, after Bakari's (Fatou's youngest son) departure for Spain, the first thing he did was to send money back home to install a phone in his mother's bedroom and he sent a camcorder and empty tapes to record all the ceremonies in his absence. Bakari is 28 years old and unmarried so most of his income is sent home for the upkeep of the family and investing in projects (bought a piece of land). Before his mother's phone was installed, communication had been slow as he could only contact her when one of his brothers – a fisherman – was at home. Fatou prefers the land line because she does not have to purchase air time and it is used only to receive calls so no bills are involved. Her son calls the family on a monthly basis even if it is only to pass on the transfer code and details of the money order he has arranged. Fatou's family, like most families with migrants, depends on remittances from relatives in Spain. This is also the case with Modou who retired from fishing after having sent his siblings to Spain and is now dependent on them financially. Like Bakari, Modou's brothers send money home regularly but not on a monthly basis as they do not have a work or residence permit. Once a fisherman with his brothers, he now depends on these remittances and his wives' petty trade or he borrows money from friends while waiting for his brothers to send money. If he is in dire need, he 'beeps' them to call back so he can tell them the problem.

Gender is important in transnationalism as it plays a major role in the reordering of assignments within the Senegalese community. Migration is highly institutionalized among males, while very few women migrate. They are expected to stay behind and look after the family. Most migrants are married and leave their children behind when they migrate. The tendency is for migrants to take

---

[7] Those who go on business trips are given money by friends to shop and the equivalent is given to their relatives back home on a piecemeal basis when they return home over a given period to ensure a continuous flow of financial assistance.

low-paid jobs because these are not contested by nationals in the host country and also the migrants' lack qualifications. The physically absent fathers are desperate to stay virtually present in the lives of their spouses and children, some of whom were born in their absence. In most cases, migrants consider themselves as villagers on temporary leave as they do not view their existence in Spain and Italy as being disconnected from St Louis, Kayar or Mbour. Having left a wife and children at home reinforces the transnational links and this relationship is a nodal point in understanding migrants' commitments to the home country, something Geschiere & Gugler (1998: 310) term 'ostentatious loyalty'. Amadou sends money home monthly to his elder brother for his family's upkeep and from the amount sent, his wife Fatima is given FCFA 20,000 for food for her and her three-year-old son (whom Amadou has never seen because he had left before his son was born). Recently, he sent her a cell phone, even though the family already has a fixed phone, and some handbags, sandals and jewellery. According to Fatima, the cell phone is to allow them to have private conversations because whenever he calls her on the fixed phone, the entire family follows their conversation. The cell phone also means that she is able to connect with him. Attesting to the notion of privacy and connection, Horst & Miller (2005: 764) maintain that 'individually based cell phone calls provided the added benefits of privacy and individual control' because cell phones focus more on individuals than on households. They refer to link-up calls where the emphasis is on making the connection rather than on the content of the call. To a large extent, this resonates with the study on boat migrants although some calls are less to make a connection than simply to pass on a transfer number for money sent. By using a cell phone, Fatima and her husband can connect at a personal and intimate level without any interference from the family, while Fatou can 'beep' her sons and they will call back so she can hear their voices.

Although the immediate benefactors of migrants' engagement are the family, the local communities they left behind profit as well because migrants have formed associations to carry out development projects back home. One such project is the district hospital in Pekine that benefitted from the largesse of migrants residing in Milan who recently provided a laboratory with equipment worth FCFA 5 million. Generally, migrants focus on education and health when considering development projects for their communities. Importance is also attached to the construction of village mosques in recognition of the fact that the success of migrants in obtaining residence and work permits and a job is dependent to a large extent on the prayers offered by the local *marabout*. The Senegalese migrant community in Spain has formed an association with branches in Madrid and Barcelona that, like others (Babou 2000), have a therapeutic function in the host country. Thiane's case is a good example. When he first arrived in Barcelona after being released from the Red Cross detention centre in Tenerife, he was housed by this community and, due to ill health, was allowed to stay for seven months until he voluntarily agreed to be sent home. In this connection, McHugh (2000) and Schiller & Basch (1995) contend that the historical lines of transnationalism and the formation of migrant associations can be traced back to the Soninke migrants from the Upper Valley regions who, due to drought, began to move away in search of temporary jobs and onward migration to France. From the income they collected, they were able to install an irrigation system in the village and promote literacy there (Findley 1989; Schmitz 2008).

Photo 8.1   Migrant who returned from Spain due to ill health, St Louis

This connectivity is not limited to migrants and their family or to migrants' associations and their homeland but has also extended to the political arena. Through migrants' trans-connections, families at home are able to speed up or influence political decisions. When Moustapha and a host of other boat migrants were stranded in Morocco and news of their maltreatment reached their families, the latter were able to mobilize support on their behalf to get the government to facilitate their return home. According to Moustapha, some migrants had their cell phones with them and made frantic calls home about their plight. Others took photos with their cell phones and uploaded them onto the Internet. These photos went viral, leading to street protests in the neighbourhood where the migrants came from, causing road blockages and impeding government ministers from re-turning to Dakar after a meeting in one of the villages. At another level, political campaigns extended as far as Europe during the 2000 presidential elections, with the opposition party rallying support from the diaspora community in France (Salzbrunn 2002: 226-227). Through their transnational networks, Senegalese migrants contributed to the opposition party PDS (*Parti Democratic Socialist*) winning the election as a result of phone calls to family members instructing them to vote for the party. A single phone call from migrants was capable of changing the country's political landscape. This has continued in the era of boat migration with migrants keenly following political debates surrounding repatria-tion. The important role of migrants in the Senegalese election campaign can be explained by the strong relationship they have with their families there. A phone call by family members from Spain, France, Italy and the US is much more ef-fective than a direct campaign. Transnational systems of communication directly influenced the results of the election, echoing earlier claims by Schiller & Basch (1995) that diasporic communities could be considered as a constituency (see Piot 2006).

While migrants live up to expectations surrounding the sending of remittances and gifts, as well as remaining in constant touch with the family by phone, the family also plays a role in supporting migrants' livelihoods in Europe. This takes various forms, such as taking care of migrants' businesses and sending food and recordings of events in the family as well as VCDs of home soaps and plays. Most important, however, are the constant prayers of family members and *mara-bouts* to enable the migrants to succeed. Despite the remittances sent to family members by migrants, they feel safer entrusting their money to the care of non-kin when it comes to projects, which confirms Mazzucato's (2003) argument that non-kin are often the ones who are given responsibility for migrants' assets. For instance, Dieng in St Louis receives money regularly from migrant friends in Spain to oversee the construction and renovation of houses for them, and for sa-vings to go into their accounts. Dieng is a repatriated migrant, yet he still belie-ves his future lies elsewhere. He rarely goes fishing anymore and is dependent on the friends whose projects he is supervising who send him token amounts of mo-ney to show their appreciation of his services and call regularly for updates on the projects he is managing.

Photo 8.2   Return pirogue from fishing, St Louis

Migrants' connectedness to home is heralded by the remittances they send 'there'. It should be noted that in the absence of remittances, very little or no connection is maintained. This confirms Nyamnjoh's (2005) notion of 'Nyongo' whereby migrants are expected to work hard while away to ensure the family's comfort back home with little regard for themselves and their own situation. This prompted Mazzucato (2004) to warn against the over-celebration of transnationa-lism because the globalized context that facilitates or forces family members to move can create disjointed livelihoods and sever ties if too much pressure is pla-ced on the migrant. This is highlighted by the example of Ahmed, who feels that his brother has disengaged from the family. Ahmed migrated but failed to arrive in Spain, while his brother succeeded. Ahmed is 45 years old and a carpenter by profession, but he hardly does any carpentry due to a lack of tools. Once in a while he helps friends go fishing. He feels that his brother is not sufficiently ge-nerous towards the family:[8] '*Depuis 2005 qu'il est parti, c'est ne que trente mille francs CFA qu'il m'avait envoyé pour acheter le mouton pour le Tabaski de 2006. D'ailleures même, quel mouton peut-on acheter pour trente mille francs*

---

[8]   Interview in Yarakh, 14/01/2009.

169

CFA? Depuis lors il n'appele pas.'[9] Similar discontent was expressed by Demba in St Louis. He is 59 years old and has three wives and seventeen children. Although none of his children have migrated, his nephews did and the family is not happy about their lack of communication. Like Ahmed, Demba[10] thinks this is ignoring or breaking family ties and says that 'j'ai beaucoup de craintes, l'effet que nos enfants sont là-bas nous n'avons pu avoir des renseignements ça dit plus durs parceque lorsqu'ils sont partis on avait des information sur eux et ils envoys de l'argent mais maintenant ça fait présqu'un an que nous n'avons pas des information sur eux (...) ça me fait tellement peur'[11] Migrants go to Europe because they are seeking to improve their standard of living and that of their family left behind but the very essence of transnationalism is put to the test when they begin to sever links with the family and are not controlled by the whims and caprices of the family at home.

Cultural aspects

Culturally, migration in Senegalese society is seen as a means of improving one's social standing and is thus an accepted phenomenon that is well entrenched in the fabric of society. It has come to be seen as a rite of passage. As regards transnational boat migrants, they have been able to be actively engaged in the cultural aspects of their society thanks to the ICT revolution that has made it possible for them to stay connected with their home village. And as a result of their remittances, cultural activities have been extended and now take on a whole new dynamic.

Socio-cultural commitments have reified the migrants' presence in the home country. Most families are heavily dependent on their remittances, especially during the Muslim feasts of Ramadan and Tabaski as well as other celebrations like christenings, weddings and funerals. One of the most fascinating aspects of Senegal is the merging of the forces of tradition and change, a transformation that permeates daily life in Senegal. Migration has thus become a cultural event rich in meaning for individuals, families, social groups, communities and the nation, echoing Fielding's argument (1992, cited in McHugh 2000: 72) that migrations are culturally produced, culturally expressed and cultural in their effects. Through the remittances they send, they have been able to transform cultural events, thus giving them added impetus.

---

[9] 'Since he left in 2005, he has sent me just FCFA 30,000 which he sent to buy a ram for the 2006 Tabaski. What kind of ram can one buy for FCFA 30,000? Since then, he hasn't called.'
[10] Interview in St Louis, 22/10/2008.
[11] 'I have many fears. The fact that our children are over there and do not give us any information makes it even harder because when they left, they gave us updates on their condition and sent us money but now, it's been almost a year and we have no news from them (…) It makes me scared.'

Prior to migrating, most of the boat migrants with children were unable to perform the christening rite, which is supposed to take place days after birth, due to a lack of finances. They could only afford to organize a christening after they had migrated. This then becomes a priority and most migrants send home money for such a ceremony to be held as was the case with Abdou. He migrated to Spain because his brother was able to organize a boat as the captain. He is in his late thirties, married and has two sons. Prior to his departure, he was a fisherman and unable to find the huge sums of money needed for this occasion. According to his brother Modou who stayed behind, as soon as Abdou secured the funds, his priority was to arrange this ceremony, thus inscribing his name among those who have raised the standards of the ceremony. Others are able to send contributions for a relative's wedding or come home and organize their own wedding. Such celebrations provide an opportunity for migrants to display continued village loyalty. On the one hand, the migrants are contributing to long-held traditions and this garners respect and elevated status among their peers in the community. On the other hand, the celebrations have grown in size and are thus more financially demanding. In recent years, the infusion of finance from migrants has not only elevated standards but also set in motion a standard that needs to be upheld. It confirms the notion by Mountz & Wright that 'migrants cannot escape a complicated and perpetual cycle of earning money to prove oneself and then spending it to prove oneself' (1996: 420, cited in McHugh 2000: 83). This has no doubt put traditional village and local structures under pressure and dragged them into the modern world with all the contradictions that this entails with conflicts between higher standards of living for themselves and the family and responsibilities for community well-being. I attended the christenings in St Louis and M'bour of children of migrants who had sent money for the ceremony to be performed. The enormous expenses incurred – the transportation of relatives from the village, the mother's outfit, the purchasing of a ram and of course food and drinks – to give it the status of that of a *modou modou* depicts the 'perpetual cycle of spending to prove oneself'.

Cell phones are by far the most widely used communication tool and while there may be various reasons for owning one and for their surging popularity, among would-be migrants in Senegal it is a tool that enables them to track down information about where and when a boat is leaving and if the conveyor needs a captain. Numerous text messages are sent. They are often coded and meant only for the recipients, making it difficult for outsiders to understand any message transmitted so that the senders cannot be held accountable by the police. Meanwhile, it is vital for migrants to maintain the links between the country of residence and the home country. Such calls are meant to make their presence constantly felt among kin and friends and also to know what is happening within the family and the neighbourhood at large. But for those left behind, the importance of the cell phone is not necessarily to find out about the migrant's well-being but rather to 'track down migrants accountable for the money they earn and the material goods they accumulate in Europe making it increasingly difficult for migrants to disappear either in the real or virtual world' (Nyamnjoh 2005: 261-262).

Thanks to modern communication technologies, migrants are able to draw on their cultural values and networks with *marabouts* that play an instrumental role in the lives of migrants in the host countries. Attesting to their role, Riccio (2006: 101) reminds us that *'ils garantissent la Baraka[12] et peuvent fournir aux disciples des aides et des conseils pratiques grâce à leur pouvoir politique et économique'*.[13] Migrants also call them constantly to ask for their prayers and sacrifices in order to succeed in procuring a residence and/or work permit. They send family members to consult *marabouts* on their behalf and provide and perform the necessary sacrifices that will be demanded. When Moustapha left for Spain, there was no time for him to consult a *marabout* for benediction but he entrusted his mother to do that on his behalf (which she did). Soon after his departure, his mother consulted a series of *marabouts* to protect him and the rest of the migrants on the boat. This is what she said:

Q: Maman après son départ est ce que tu es parti chez le marabout?[14]
R: Oui je suis parti chez beaucoup de marabouts.
Q: Qu'est ce qu'il vous a dit?
R: Ils m'ont demandé de faire des offrandes parce qu'ils étaient dans un endroit obscur dont seul Dieu pourrait les sortir.
Q: Quels genres d'offrandes?
R: Chèvres, moutons, poulets et même une moitié de vache. Et tout cela j'en ai fait des offrandes. Ce n'était pas pour les deux enfants seulement mais ils étaient accompagnés. On devait faire un sacrifice collectif pour sauver tout le monde. C'est la raison pour laquelle ça n'a pas été facile.[15]

This not only shows the important roles religion and the *marabout* play in the lives of the migrants but also the impact of long-standing ideologies and beliefs. They believe that the journey will not be successful if they fail to consult a *marabout* prior to departure.

---

[12] Well-being.
[13] 'They guarantee well-being and can supply useful help and advice to the disciples thanks to their political and economic power.'
[14] Interview in Thiaroye-sur-Mer; 26/08/08.
[15] Q: Ma, after his departure did you go to see a *marabout*?
A: Yes, I went to many *marabouts*.
Q: What did they tell you?
A: They asked me to make offerings because they were in a dark place from which only God could get them out.
Q: What sort of offerings?
A: Goats, rams, chickens and even half a cow. All these were offerings. This was not only for the two children but those who accompanied them as well. We had to make one big sacrifice to save them all. That was the reason why it wasn't easy.

Perhaps even more important is the fact that migrants have refused to yield completely to outside values but instead seem to be constantly negotiating and balancing the different influences in their lives. This is a hybrid situation with a bit of everything when talking of socio-cultural change. They want to maintain links with their home countries and, at the same time, entertain the values of their host countries as far as they can. This is also manifested in the fact that very few of them want to stay forever in their host countries as their dreams are back home where their achievements will be recognized.

Migrants have also been able to stay connected to their homelands and to other migrants worldwide thanks to the radio programme broadcast by Radio Lamp Fall in Dakar that migrants can pick up by satellite. They can even participate by phoning in on Sunday evenings between 20:00 and 21:00 (local time) to *Pen-thume Émigré yi* (*Table ronde des Émigrés*: Round Table of Emigrants) where they share their difficulties, successes and challenges with fellow migrants, catch up with others who they have lost touch with and send messages to family at home.

Migrants' cultural commitments are probably best captured in their use of the camcorder, which has no doubt been appropriated to enhance their virtual presence at cultural festivals and celebrations back home. When Abdou[16] sent some money for the christening of his children, he also sent some extra money through the Sufi Brotherhood money-transfer system to an electronics dealer for the family to collect a camcorder to record the christening. Those who cannot make it to the annual *magaal* pilgrimage to the holy town of Touba sponsor relatives on the trip and ask them to film the ceremony and send it to them. Although most do not attend the *magaal*, they have resorted to observing this holy commemoration in their country of residence by satellite, often in community centres, as is the case of the Senegalese community in Italy and New York (Kaag 2008; Babou 2002).

Money-transfer agencies

Transnationalism has strengthened linkages with family because of the financial services that migrants have been able to maintain, thus sustaining the family. This financial service is possible due to the changes in technological communication and money-wiring practices. Money-transfer agencies have mushroomed in every corner of Senegal due to the role of remittances in the livelihoods of families. In a neighbourhood like Guet Ndar in St Louis, where the majority of the migrants hail from, the only offices are money-transfer agencies (such as *Money Gram*, *Money Express* and *Western Union*) except for the health centre and a

---

[16] The younger brother of Modou who he sent to Spain.

primary school (Camara[17] 1968: 232). These transfer agencies have become a symbol for the families left behind, and it is also an aspiration or dream, for those associated with it – either as senders or recipients – are highly regarded and admired by the recipients and friends respectively, but envied at the same time (Nyamnjoh 2005). Tall and Modou are recipients of remittances sent by some of the migrants they transported free of charge and who send them some money once in a while in appreciation. These money transfer agencies have been able to thrive thanks to migrants' engagement with family back home. Similarly, before they return home, huge sums of money are transferred to refurbish their houses to make them as comfortable as the ones they have lived in while in Europe. Saidou recounts how it works:[18]

> Avant de revenir il commence par envoyer de l'argent. La plupart des maisons en étages sont construits par des Modou Modou. Il s'appelle Omar Ndiaye et il est retourné au mois d'Avril en Espagne. Il a construit leur maison et il a emmené ses frères. Le changement se fait sentir chez eux maintenant. La maison est très belle, il y a tout. Lorsque son père vivait, leur maison était une cabane. Vous pouvez vous en rendre compte vous-même, autour de vous toutes les réalisations appartiennent aux Modou Modou.'[19]

Money transfers have become essential for most Senegalese families as they are totally dependent on them for survival. Migration is thus a highly regarded investment.

Quest for transnationalism

Transnationalism is not only seen in migrants' connectivity at home but also from conversations and interviews with repatriated and would-be migrants, none of whom want to live in Europe permanently. They would like to live nine months in Europe and three months in Senegal to invest what they have earned during that period. Modou says it all:[20] 'Si je pars en Espagne et je travaille pendant un an et je retourne voir ma famille (...) l'argent que j'ai gagné j'amène à ma maman et après la fête de Tabaski je retourne.'[21] Saidou shares the same sentiments. He is 42 years old and was once in the military but left to migrate. But he failed:[22]

---

[17] Although this reference is more than four decades old, much of this text on Guet Ndar is still valid today.

[18] Interview in Yarakh, 16/07/2008.

[19] 'Before coming home they start by sending home some money. Most of the bigger houses are constructed by migrants. Omar Ndiaye came back from Spain in April. He built their house and took some of his brothers to Spain. They now feel the change. The house is very beautiful and there is everything there. While his father was alive, their home was a shack. You can see for yourself that all the achievements belong to Modou Modou.'

[20] Interview in St Louis, 14/10/2008.

[21] 'If I go to Spain and work for a year, I will return home to see my family (...) and bring home the money earned to my mother. After the feast of *Tabaski* I will return to Europe.'

[22] Interview in Yarakh, 16/07/2008.

'Ici c'est très bien parce qu'il ya tout mais tout ce qui manque ce sont les moyens et l'argent. C'est la raison pour laquelle nous sommes obligés de tenter l'aventure pour aller et trouver et revenir. Sachez que ce n'est pas l'ambiance qui nous emmène en Europe, ni d'aller faire la guerre ou quoi que ce soit. C'est juste pour gagner et revenir construire notre pays.'[23]

From these testimonies it would seem that migrants are not attracted to Europe by the bright lights and are not keen to live in Europe forever. They are more interested in earning money and returning to their homeland where they will be recognized and welcomed home as true sons of the soil.

Concluding remarks

The logic of transnational migration is both individual and collective, and although it is intrinsically linked to push-and-pull factors, the socio-cultural factor seems the most important. Unlike in the past when migrants were attracted to Europe by the bright lights, they now increasingly want to maintain ties with family left behind and to develop their homeland. Each migrant hopes that his family will feel the positive impact of his departure by assuming total or partial responsibility for the family depending on the nature of the job he secures on his 'hunting' expedition. At the individual level, transnational migration provides more opportunities for the migrant, which trickle down to the collective when migrants form home-based associations to cater for the needs of the community left behind. Even though these migrants have been relegated to the margins in the host society, they are able to straddle the spaces to give meaning to their lives. The most striking phenomenon is that these ties are severed when there is no flow of remittances.

Transnationalism has also been promoted by migrants' quests to stay connected to their cultural values both at home and in the host community. The way the phone has been integrated into society cannot be separated from the socio-economic and cultural fabric of society. By the same token, transnationalism should not be rigidly seen in the light of family networks or religious networks but as an ensemble of practical relationships that are constantly being forged, produced and reproduced. And to a large extent, this has been made possible by advances in ICT that migrants have not only gained access to but have appropriated to fit specific designs and enable transmigration. The phone does not only link people but has also created new forms of fear and anxiety in society. But what is far more important is the appropriation of ICT by migrants and their families, which shows that society shapes the technology as much as the technology shapes society.

---

[23] 'It is OK here because we have everything, but what we lack are possibilities and money. It is for these reasons that we take the risk to go and look for something and come back. It is not for fun that we go to Europe or to cause trouble. It is simply to earn a living and come back and develop our country.'

Migration is often rooted in traditions of spatial mobility that can span several generations. With the advent of ICT, there is a constant quest for negotiation and the re-appropriation of different forms of ICT to tie in with the cultural demands of being virtually present at festivities through camcorders or simply being able to reach the family by phone and transmit money.

References

BABOU, C.A. (2002), 'Brotherhood solidarity, education and migration: The role of Dahiras among the Muride Muslim community in New York', *African Affairs* (101): 151-170.

CAMARA, C. (1968), *Saint-Louis Du-Sénégal: Évolution d'une ville en millieu Africain*. Dakar: IFAN.

FALL, A.S. (1998), 'Migrants' long-distance relationships and social networks in Dakar', *Environment and Urbanisation* 10(1): 135-145.

FINDLEY, S.E. (1989), *Choosing between African and French destinations: The role of the family and community factors in migration from Senegal river valley*. Boston, Mass: African Studies Centre/Boston University.

GESCHIERE, P. & J. GUGLER (1998),'Introduction: The urban-rural connection: Changing issues of belonging and identification', *Journal of the International African Institute* 68(3): 309-319.

GESER, H. (2004), Towards a sociological theory of the mobile phone: http://socio.ch/mobile/t_geser1.htm

GRILLO, R. & V. MAZZUCATO (2008), 'Africa < > Europe: A double engagement'. *Journal of Ethnic and Migration Studies* 34(2): 175-198.

HAHN, H.P. & G. KLUTE, eds (2007), *Cultures of migration: African perspectives*. Berlin: LIT Verlag.

HORST, H. & D. MILLER (2005), 'From kinship to link-up: Cell phones and social networking in Jamaica', *Current Anthropology* 46(5): 755-778.

KAAG, M. (2008), 'Mouride transnational livelihoods at the margins of a European society: The case of residence prealpino, Brescia, Italy', *Journal of Ethnic and Migration Studies* 34(2): 271-285.

KANE, A. (2002), 'Senegal's village diaspora and the people left ahead'. In: D.F. Bryceson & U. Vuorela, eds, *The transnational family: New European frontiers and global networks*. Oxford & New York: Berg, pp. 245-263.

LAWSON, V.A. (2000), 'Arguments within geographies of movement: The theoretical potential of migrants' stories', *Progress in Human Geography* 24(2): 173-189.

MAZZUCATO, V. (2003), 'Asente transnational relations: Historical negotiations or changing structure of social felationships?' Paper presented at the CERES Summer School, 23-26 June.

MAZZUCATO, V. (2004), 'Transcending the nation: Exploration of transnationalism as a concept and phenomenon'. In: D. Kalb, W. Pansters & H. Siebers, eds, *Globalization & development: Themes and concepts in current researchapter*. Dordrecht/Boston/London: Kluwer Academic Publishers, pp. 131-162.

MCHUGH, K.E. (2000), 'Inside, round, upside down, backward, forward, round and round: A case for ethnographic studies in migration', *Progress in Human Geography* 24(1): 71-89.

NYAMNJOH, F.B. (2005), 'Images of Nyongo amongst Bamenda grassfielders in Whiteman Kontri', *Citizenship Studies* 9(3): 241-269.

PIOT, C. (2006), 'Togolese cartographies: Remapping space in a post-cold war city'. In: P. Konings & D. Foeken, eds, *Crisis and creativity: Exploring the wealth of the African neighbourhood*. Leiden: Brill, pp. 170-210.

PORTES, A. & DE WIND, J. (2007), 'A cross-atlantic dialogue: The progress of research and theory in the study of international migration. In: A. Portes & J. de Wind, eds, *Rethinking migration: New theoretical and empirical perspective*. New York: Berghahn, pp. 3-26.

RICCIO, R. (2006), 'Transmigrants mais pas nomades: Transnationalisme mouride en Italie', *Cahiers d'Etudes Africaines* XLVI 181(1): 95-114.

SALZBRUNN, M. (2002), 'Hybridization of religion and political practices amongst West African migrants in Paris'. In: D.F. Bryceson & U. Vuorela, eds, *The transnational family: New European frontiers and global networks*. Oxford & New York: Berg, pp. 217-229.

SCHILLER, N.G. & C.S. BASCH (1995), 'From immigration to transmigration: Theorizing transnational migration', *Anthropological Quarterly* 68(1): 48-63.

SCHMITZ, J. & M.F. HUMERY (2008), 'La vallee du Senegal entre (co)developpement et transnationalisme: Irrigation, alphabetisation et migration ou les illusions perdues', *Politique Africaine* 109: 56-72.

TALL, S.M. (2004), 'Senegalese emigrés: New information and communication technologies', *Review of African Political Economy* 31(99): 31-48.

VERTOVEC, S. (2007), 'Migrant transnationalism and modes of transformation'. In: A. Portes & J. de Wind, eds, *Rethinking migration: New theoretical and empirical perspectives*. New York & Oxford: Berghahn Books, pp. 149-180.

9

Identities of place:
Mobile naming practices and
social landscapes in Sudan

Siri Lamoureaux

Abstract
The growing body of literature on mobile phones in Africa seems to stress at least two somewhat paradoxical perspectives: Its ability to connect a fixed person with a wandering target or to connect a wandering person with a fixed target. One narrative is an encounter with new social relations, otherwise known as "globalization" the other of connectedness to 'home', often called "belonging". Following conflict in the Sudan, about two-thirds of the population originating from the Nuba Mountains has migrated to one of the urban centers of Northern Sudan or abroad to Cairo, the UK or the US. Currently, the most important ways these dispersed and fragmented families keep in touch is through the mobile phone. Furthermore, the mobile phone is a site for new spaces of interaction, a place where in-group intimacy based on concepts of "home" can be expressed.
The use of names as indices of origin will be examined in this chapter in the context of several text messages, as such terms say a lot about how people perceive their physical and social distance, and categorize others. While urban migration has increasingly fused regional distinctions in Sudan, urban identities are simultaneously sharpened, largely defined by one's *balad* (place of origin). Through the use of reference terms and other evidence, it is suggested that some marginalized Nuba student migrants living in the urban capital of Khartoum use the mobile phone in part to create a place of belonging. It is instrumental to urban migrants since it allows the maintenance of group interactions that defy distance and time, while providing a context for the sharing of familiar terms of reference. But meanings of 'home' differ across the Nuba students. For some who have arrived more recently and maintain closer kinship ties, 'home' is meant in the literal sense, while for a second group, 'home' is meant in the ideological and highly politicized sense as a 'homeland' or place of origin.

Introduction

It is not uncommon in Khartoum, the capital of Sudan, to begin a text message dialogue with the phrase, السلام عليكم. انتى وين 'Peace be upon you, where are you?' Potential answers could be:

1. انا فى المين
   ana fil min
   'I'm on Main Street'
2. وصلت البلد وراكبه لورى
   waSalta al balad, wa raakiba lorry
   'I arrived *home*, came by lorry'

Both of these text messages contain phrases[1] that situate the sender in the spatial landscape of Sudan. These seemingly banal snippets of conversation are not unlike those heard on a street corner in Berlin. However, as Laurier (2001: 485) so nicely puts it: 'It is precisely in such mundane and familiar geographic talk that we can find out how the world is socially and spatially organized'. Such labels would indeed carry no meaning in Berlin as the 'locations' are only interpretable in a specific deictically[2] relevant context. 'Main Street', a ubiquitous name, is here interpreted as a small side road on the University of Khartoum campus where students often meet. The latter message is especially interesting because *balad* 'home/country' which here translates as 'rural place of origin' simply would not apply to the majority of urbanites who have long been in Berlin or other cities. *Balad*, as a location of origin in this way, has incorporated the concept of urban migration in its very meaning. It could only be meaningful among people – their parents or grandparents – who have had the experience of moving to the city, where the peripheries merge with the centre.

Earlier work on mobile talk and place names (Laurier 2001; Arminen 2006) focused on how mobile conversations organize daily mobility in urban settings. The present discussion suggests that through mobile talk, we can also learn about other forms of mobility, in this case urban migration, which includes physical as well as social displacement. This kind of talk informs us of people's perceptions of 'place', their sense of 'belonging' and 'identities' of place. The mobile phone, ostensibly limited to a tool of personal organization, becomes a tool charged with deeper meaning in Sudan – a site for intimacy, in-group affectiveness and political expression.

---

[1] These kinds of phrases have been called 'locational formulations' by Schegloff (1972: 79) who carried out extensive analysis of the conversational uses for stating location via landline telephones.

[2] Deixis is 'those aspects of language whose interpretation is in relation to the occasion of utterance, to the time of utterance (...) to the location of the speaker at the time of utterance; and to the identity of the speaker and the intended audience' (Fillmore 1966: 220 taken from Duranti 1997: 345).

The use of names as indices of origin will be examined in this chapter in the context of several text messages, as such terms say a lot about how people perceive their physical and social distance, and categorize others. While urban migration has increasingly fused regional distinctions in Sudan, urban identities are simultaneously sharpened, largely defined by one's *balad* (place of origin). Through the use of reference terms and other evidence, it is suggested that some marginalized Nuba student migrants living in the urban capital of Khartoum use the mobile phone in part to create a place of belonging. It is instrumental to urban migrants since it allows the maintenance of group interactions that defy distance and time, while providing a context for the sharing of familiar terms of reference.

These data contribute to the larger debate on the social impact of mobile phones in society. The idea that they will unite and empower individuals (Katz 2006; Castells *et al.* 2007) on the one hand is countered by predictions of an increasingly disconnected or 'Balkanized' society (Ling 2004). Here is evidence for a more moderate approachapter As people are forcibly disconnected from their families, the mobile phone is a powerful tool of reconnection across distance. Its use may also facilitate an emerging sense of social solidarity in new ways among known relations (Lamoureaux 2009). It is, therefore, a highly adaptive technology, one that is shaped by and gives shape to the mobile margins (de Bruijn, Nyamnjoh & Brinkman 2009). For some with closer Nuba kinship ties, 'place' may be closer to home in the literal sense, while for others, it is meant in the ideological sense as a 'homeland' or place of origin. These differences are hinted at in text-message interactions. While much of what is said in mobile conversations and text messages is purported to be banal, the data here argue otherwise: Mobility and marginality shape social identities and, by examining a fundamental concern of mobility, namely the maintenance of communication, such identities are evoked.

This chapter first summarizes the history of Nuba marginalization and migration, and this is followed by an analysis of the data. The literature on identities of place and naming practices is then reviewed, which brings the discussion into the context of mobility and mobile phones, an added complexity in the traditionally static topic of 'place'. The chapter concludes with some comments on naming practices, identity and mobility.

'Nuba-ness': A social and spatial 'periphery'

Long-standing racial hierarchies in Sudan are iconic with a geographic divide between the 'centre' and the 'peripheries' (Niblock 1987). Inequality came about through the emergence of a Sudanese intelligentsia, 'Arabs'[3] who later became the economic and political elite and the developmental inequality between the geographic centre of Sudan, the land bordering the Nile and the remainder of the country. These two imbalances are interrelated because social stratification was influenced by urbanization: What people do in the city and how they are identified were largely a function of where they were from. The importance of origin is captured in the local term *awlad al balad* (sons of the land) used by elite riverine Arabs to claim authenticity to the 'centre', which is often referred to as the *real* Sudanese homeland.

Map 9.1   Map of Sudan and South Sudan, showing
            Southern Kordofan

In contrast, the urban migrant youth that are the subject of this chapter come from one such 'peripheral' place that covers an area of approximately 250 km by 165 km (12°00'N and 30°45'E) to the southwest of Khartoum. Such a geographic location formulation is not the term of preference for the place now commonly known as the Nuba Mountains, *al-jibaal al-nuba*. In geo-political terms, the Nuba region is situated in the geographic centre of the country, politically incorpo-

---

[3]   'Arab' is used here according to local usage. The political elite who took over from the British and have maintained power come from the Arabic-speaking Muslim tribes who originated in the riverain north. They share an Arab-Islamic politics and culture. The dominance of the 'Arab' heritage phased out the difference between other ethnic categories in Sudan that were uniformly grouped together as 'Blacks'.

rated with the north but bordering the south, a place where SPLA/M[4] rebels took control of parts of the area and waged war against the Sudanese government in Khartoum. But even this label came into use relatively recently. This and other related events have contributed to the widespread use of the term 'Nuba' for the people and place to which this name refers.

Originally the people from the Nuba region did not consider themselves a collectivity. In fact, the Nuba people are known for their great diversity, which has attracted the interest of outsiders since British colonialism. They are Black Africans, speak forty or more distinct African languages depending on their classification (Thelwall 1983) and practice Islam, Christianity and local religions, and these beliefs and languages cannot easily be lined up with kinship and clan structures or ritual practices (Nadel 1947; Stevenson 1984). Accounts vary but most ethnographic and linguistic work in the region supports the view that the Nuba-shared history was mostly regional, and that the various groups were loosely connected but had mutual tolerance for their differences. The origin of the superordinate label 'Nuba'[5] is unknown but was first used by Arab slave-raiders and traders and later by the British colonialists although it was not the label the people living in these mountains used for themselves until recently. As Stevenson (1984: 11) observes, 'It is only very recently, with increased contacts all over the hills that some sense of a common 'Nuba-ness' has developed'. But this Nuba-ness is better defined as their common predicament in relation to the dominant culture than as being based on internal similarities.

Long-term marginalization had the effect of drawing many Nuba labour migrants out of the mountain areas and bringing them (along with Southerners and Darfuris) into contact with Arabs, paradoxically facilitating both an increased awareness of a 'peripheral' identity alongside integration in the national picture through Arabization and Islamization. More recently, much of the North-South civil war of the 80s and 90s was waged within and against the Nuba region because of its association with the SPLA/M. Many people were killed or subjected to forced Arabization and Islamization and as many as two-thirds of the Nuba population migrated (Miller & Abu-Manga 1992). They settled in Khartoum or other Sudanese urban centres such as El Obeid, Port Sudan or Dongola, while some left the country for the Middle East, Europe or the US.

These events provoked a new reaction of Nuba-ness: A sense of solidarity based on shared victimhood. This neo-Nuba identity was reinforced through international humanitarian groups, the UN and other NGOs that promoted the image

---

[4] Sudan People's Liberation Army/Movement is the South Sudan rebel movement that has been fighting over the Northern Government of Sudan (GOS) since the early 1980s. In 2011, fighting between the SPLA/M-North, a Nuba Mountains faction of this army resumed and continues at the time of publication.

[5] It is used here to refer to any non-Arab inhabitant of the Nuba Mountains region.

of a united Nuba and was furthered by the publication of books such as *Proud to be Nuba* and *The Right to be Nuba,* various websites (Brinkman *et al.* 2010) and a number of films. Yussuf Kuwa Mekki, a Nuba SPLA commander may be in part responsible for perpetuating a new Nuba identity based on his own ideology of Africanism.

However in spite of this image, current trends indicate increased differentiation and tribal fragmentation among the groups over claims of autochthony. This is likely related to feelings of disillusionment following the 2005 Comprehensive Peace Agreement[6] and the renewed fighting that began following failed elections in June 2011. The Nuba have been physically displaced for over a decade and are currently politically displaced too. With the majority of the Nuba dispersed across Sudan, where do Nuba migrants look for a sense of belonging? Where is their *balad* (homeland)?

The Nuba people I knew are living in Greater Khartoum where social inequality is heightened due to confrontations over shared space. Many Nuba continue to live in shanty towns or recent settlements on the outskirts of Greater Khartoum, areas with poor infrastructure, low incomes, high unemployment, poor healthcare, crime, social exclusion and racism. They are confronted here daily with the above historical forces competing with the powerful need to integrate and achieve the benefits of 'becoming Sudanese' (Doornbos 1988: 100) by participating in the socio-economic life of the 'centre'. As is illustrated in the next section, mobile phones are playing an important role in maintaining contacts between dispersed Nuba families and in the socialization of young Nuba students in the urban setting.

Names, places and text messages

This section presents two case studies and several kinds of data: The content of text messages and other supporting details that were collected during several months of fieldwork at the University of Khartoum in 2008-2009. Drawing from the personal stories of several Nuba students, the focus is on illustrating how place identity is reflected in text messages and other mobile-phone behaviour. This situates these students in the social landscape of the city and the physical landscape of the country.

Applying place names to people is not unique to the Nuba or to text messaging. It is a common practice in Sudan and can be directly correlated with the struggle between those who belong to Arab tribes and those who do not. 'Black' is not a reliable indicator of origin but place name certainly is. To offer a few ex-

---

[6]   In the CPA, Nuba leaders were excluded from the power-sharing arrangement between the National Congress Party of the Government (55%) and the SPLA (45%) in the Nuba area.

amples of well-known people of Nuba origin: Dr Mohamed Abdelrahim Mohamed Salih, a professor at the Institute for Social Studies in the Hague, is known
at the University of Khartoum simply as Dr Kadugli, after his town of origin. He
competes with a well-known football player also hailing from Kadugli, who is
popularly known as Jalaal Kadugli. Other football players, 'Damar' *al-marrikh*,
Salih 'Sennar' and Seef 'Messawi' are similarly named and known by their home
towns.

Below are two sets of text messages between Nuba students. The first two (3a-
3b) were found in Joseph's saved messages and the latter in Wakeel's (4a-4b):

3. (a)

صباح الخير وامانى كتيييييرة مايتعد وبوابه شوق محال تسند يانوباوى

SebaaH al-khair wa amaani katiiiiiira ma yit'ad wa bawaaba shuuq muHaal tisned *ya
nuubaawii*
'Good morning, I have so much hope, it can't be measured, and the doors of missing are
impossible to shut, you Nuba (person)'.

(b)

فا قداك قلوب اتعودت تسمع كلامك وضحكتك تتقسم الاخبار عليك اذيك انت
Kafi ... وصحتك

fagdaak guluub it'awadat tisma' kalaamak wa DHaHkatik titgasam al-akhbar 'alik izay-
yik inta u SaHatak ... *Kafi*
'The heart misses you, it's accustomed to hear you and your laugh to share your news.
How are you and your health ... Kafi'.

4. (a)
kegal aogo tandshre
'Kejal, will you come?' (in G language)

(b)
جولى اخباركKinda
Joli akhbaarak kinda
'Joli, what is your news (untranslated)?'

A few observations can be made regarding these examples. Each contains a
message with either a poem or a question and a personal name that either opens
or closes the message. All but 3(b) are vocatives, where the recipient's name is
directly addressed, serving as a greeting frame.[7] Nicknames are often expressed
in vocatives such as in 1(a) *ya* ... 'Hey ...' in order to call attention to someone
or direct an utterance towards a specific person through that name. It is an act of
in-group intimacy. Duranti (2001) discusses various functions for greetings (or
closings) cross-culturally. These include the need to recognize an individual as
being worthy of interaction, to situate him socially and to establish a shared perceptual field and spatio-temporal unit. These are all functions that overlap consi-

---

[7] The use of other kinds of 'frame' in text messages is discussed in Lamoureaux (2009) as an intimate,
personal alignment strategy.

derably with location tellings and the examples have a specific kind of greeting: The use of a place, family or a personal name in a greeting frame.

All naming practices are part of a larger reference system that is based on a need for coherence and categorization of the world so that objects, places and people can be unambiguously identified and referred to by others. Some names are taken as a fundamental aspect of your identity. The state authorities, for example, ask for your surname and place of birth on all official documents. Vernacular naming, unlike standardized systems of geographical coordinates or social security numbers, are highly contextualized and variable. To use the example of Scott *et al.* (2002), Route 77 according to the national grid is called the 'Durham Road' by those living in Sheffield and as the 'Sheffield Road' by those living in Durham. Route 77 is static and objective, while the other names are relational and situated in an interaction (Schegloff 1972). To illustrate the importance of this, linguists often cite the example of the 'shore/land' paradox. If a group of tourists is going to the beach for the day, they go to the *shore*, but if a sailor is arriving at the same spot after a month at sea, he arrives on *land*: there can be two opposing terms for the same point of latitude and longitude. Place names are deictically relevant and depend on the physical and social position of the speaker and listener.

Of relevance here are the designations that attach a person to a physical place of supposed origin, thus 'place identities' based on metonyms[8] of location, family or social group. These are associated with known places and towards which a feeling of belonging is a necessary condition, with the reserve that even belonging is *relational* and constructed in interaction (Dixon & Durrheim 2000: 29-32). Socio-linguists, cultural geographers and social psychologists have all been interested in the same issue:[9] the relativity of places. Place, like any other identity is not a product but a process that occurs in concrete interactional events and emerges out of discursive negotiation (de Fina, Schiffrin & Bamburg 2006) where 'membership is established and negotiated within new boundaries and social locations'. The scale is flexible, ranging from narrow to broad, as people can say anything from the details of one's street address to one's continent or world (Myers 2006).

Schegloff (1972: 93) made the connection between location and group membership: 'It is by reference to the adequate recognizability of details, including place names, that one is in this sense a member, and those who do not share such recognition are 'strangers''. We adjust what we say to take into account who the

---

[8] Metonymy is defined as 'a figure of speech consisting of the use of the name of one thing for that of another of which it is an attribute or with which it is associated (as "crown" in "lands belonging to the crown")'. See Merriam-Webster.com, accessed 22 April 2011.

[9] Schegloff's geographical vs. relational formulations are analogous to concepts of space and place by cultural geographers where space is an objective grid and places are imbued with meaning.

other person is (stranger, family, community member) and where they are (at the other end of the phone, on another continent). While Schegloff maintains a narrow view of this, as something based in conversation alone, place identity is not a neutral concept. Places are treated as fixed and so are identities of place (Myers 2006). For example, by claiming a place of origin, you are claiming a birth-given right to a community and choosing to represent yourself with such an identity in a context. Some places are highly stigmatized and have to be defended (Myers 2006), while others are used as national symbols. Thus, collective identities and place are often constructed in terms of symbolic contrasts such as 'our space'/ 'their space', North/South, marginal/central or First World/Third World (Rose 1996 cited in Dixon & Durrheim 2000: 34). In common understanding, 'who we are' is intimately connected to 'where we are' since place as a social category (for example, community, nation or tribe) is often bound to place (Anderson 1983; Myers 2006; Dixon & Durrheim 2000).

Place membership is an extremely important aspect of self-identification in Sudan. Analysis of linguistic signs at the referential level shows how people orient themselves in space and how they refer to themselves and others. By looking at names as indices of origins, we see expressions of 'here-ness' and who is on the 'inside' vs. 'there-ness' and the 'outside'. Thus the question remains: Where do these names come from and what do they represent to two Nuba students, Joseph and Wakeel and their respective message senders/recipients? To answer these questions, let us turn to the broader stories of the lives of these students and the people they socialize with.

Case 1: Joseph[10]

Joseph is a 23-year-old student at the University of Khartoum. Although he was born in Argo in northern Sudan, his family is all from K,[11] a tribe from the Nuba Mountains, and his mother tongue is K. He later learned Arabic and English at school but prefers to speak English. For his Bachelors thesis he is studying an aspect of K grammar and is interested in possibly working to standardize the language.

Joseph is active in student life: He attends classes and plays football during the day and studies in the evenings. He is a member of the university's student Nuba Association and is the General Secretary of an intra-university student NGO called the K Charity Organization for Prosperity and Development (KCOPD). For the past four years he has lived alone in a studio in Khartoum above the KCOPD office. As I had been interested in the use of Nuba languages, I was introduced to

---

[10] The names of some of the Nuba participants and their tribe names have been changed to preserve their anonymity.
[11] Only the first letter of the tribal name and language is provided here.

Joseph because of his Nuba connections on campus. After he agreed to participate in my research and to help me find contacts, we walked across the university
campus to meet his friends, mostly a group of politically minded young men and
women with their origins in the Nuba Mountains although some were also from
Darfur and Southern Sudan. Joseph, not coincidentally, is named after Yussuf
Kuwa Makki, the commander of the SPLA's rebellion in the Nuba Mountains.
Although this group's common language was Arabic, most of them spoke English well and claimed to prefer it to Arabic. One of them from the Ghulfan tribe
said that he hated the fact that he had had to learn Arabic. Most also claimed to
be able to speak the language of their own tribe (Heiban, Ghulfan, Temein, Nyi-
mang or Krongo) although I later learned that for most of them this meant only a
few words. They were proud of their non-Arab origins and some of them were
even politically active in the student SPLM group at the university. This ideological position is in contrast to some practices, as they participated in mainstream
urban life as any Arab would, they speak Arabic fluently and even wrote Arabic
poetry (examples 3a-3b), appreciate popular music and are all Muslim. Joseph
was the recipient of both text messages. The first, 3(a), was sent by Intesar, a female friend at Sudan University. Joseph and Intesar have known each other since
childhood. She is also from the K tribe, grew up in Dongola and later moved to
Khartoum to study. Intesar's poem is one of several sent to Joseph that is framed
by the vocative *ya nuubaawi* (you Nuba [person]). This signals their in-group
alignment, as both come from the Nuba Mountains and this indexes their ethnic
identity as non-Arab. Interestingly, she uses the word *nuubaawi* (Nuba person),
referencing the entire Nuba region, instead of *K-aawi* (person from K tribe)
which would capture more precisely their shared ethnic identity. However, as
mentioned earlier, such regional appellations as *shimaaliyyin* (northerners), *gha-
raaba* (westerners) or *januubiyyin* (southerners) are common ways in which people in Khartoum differentiate themselves into broad ethnic categories. Intesar's
flirtatious use of the term *nuubaawi* is an example of positioning. She indicates
the dual identity she claims for herself and for Joseph, both as a person with Nuba origins but also that of an outsider, by assigning their origins in an undifferen-
tiated way to an entire region.

   In 3(b), an Arabic poem is framed with the name *Kafi*, the name that Joseph
uses for his friend Gismela, and which Gismela himself uses in this message. Kafi is a fairly ubiquitous name in the Nuba Mountains. More specifically, it is a
name from the area of Kadugli near where Joseph and Gismela claim their origins and where the SPLA/M has taken over control from the Sudanese government. In fact, the name Kafi was chosen by filmmaker Arthur Howes for the subject of his 1981 film, *Kafi's Story*, to represent a stereotypical Nuba migrant
worker from the south-central part of the Nuba region.

Arthur Howes explained (...) that Kafi is a popular Nuba name, and in Torogi it is given to the second-born male child. So for a Nuba audience, Kafi's Story would sound like John's Story would in Britain, that is, anyone and everyone's story. (Loizos 2006)

Two things are significant here. The first is the way Kafi was identified by Joseph in going through his messages. In identifying the senders of the message, each was followed by an identification of the person's origin: 'That's Kafi, he's from Krongo' was followed by 'Dalia from K, Sergio from Darfur and Shumo, also from Darfur'. The second is that *Kafi* is written in English rather than Arabic script, a not insignificant detail. Krongo and K are areas where Christianity has had an important influence. The use of the English language and script there accompanied missionary activities in literacy and Bible translation (Abdelahay 2010). As a result of Christianity's association with South Sudan, East Africa and English historically, English was adopted by the SPLA/M as an oppositional language[12] to Arabic. Its marked use connotes a specific anti-Arab ideology, which corresponds with that in the K and Krongo areas. However, Kafi and Joseph know each other from university and not from their *balad* (homeland). This use of a place name is, therefore, largely ideological. Let us now turn to Wakeel and his personal network.

Case 2: Wakeel

I first made Nuba contacts through my research assistant, Imen, who had been researching changing marriage customs among the G, a village and tribe in the Nuba Mountains near Dilling that she comes from. She had come into contact with Wakeel Jowban, a student at Nileen University and member of a Nuba student organization, who was enthusiastic about the project and had recruited five other G students to participate.

They were different from Joseph's group (above) because they were all from G village and native speakers of G who had moved to Khartoum in the last few years to study. While they each claimed to still have a handful of relatives (3-5 people) in G, most of their extended families have left and settled in El Obeid, Port Sudan or Khartoum. All of them live with relatives in Omdurman (Greater Khartoum) and all are Muslim with Arab names in addition to a G clan name. For example, Ekhlas Basha Mahmoud has an Arab personal name and the name of her father and grandfather, but her G family name is Tenna although it is not used formally. Wakeel still has his father's non-Muslim name of Jowban, which may suggest that conversion to Islam happened more recently in his family. Hamdan Beshir is called Kejal by his Nuba friends, an in-group acknowledgement of his G name. Thus, in 4(a), Wakeel addresses Hamdan in a text message

---

[12] In the last two decades, the SPLA/M has flown in English teachers from Kenya to this south-central region of the Nuba Mountains, formalizing this preference for English over Arabic.

written in G and uses the G clan name. In 4(b), he does the same for Imen, although he only met her the day before. Imen's last name is Medani but when she
introduced herself to the others as *G-wiyya* (a person of G), she identified her
connection to the group with her G name, Joli, which Wakeel quickly adopted in
a text message.

Those in Wakeel's group were pleased I had taken an interest in their language
and were eager to teach me the greetings and sounds they use and that Arabic
does not have. We discussed writing in G and which sounds would correspond
with which letters. All but two felt that writing their language with English letters
was easier than using Arabic letters. In response to my question about whether
they write text messages in their language, most replied that they did, although
this later turned out to be a false representation (see Lamoureaux 2009). I had
hoped to find that a practice such as this suggested that the written language had
an important status for G, as standardized writing is the first step to legitimating a
language. Indeed, when Imen referred to G as *rotana* (dialect), Wakeel corrected
her saying *ma rotana, logha* (it's not a dialect but a language), revealing his attitude and awareness of the political distinction between a dialect and a language.
A dialect is a language without official status and is defined in relation to standardized, accepted languages. Joseph, even though he was a linguist and well
aware of the fact that his language, K, is a fully functional language, nonetheless
refers to it as a *rotana* (dialect), as do almost all the Nuba that I worked with.
This contrasts with many of their political views but shows that they acknowledge the inferior status of their language.

All of the students presented here are active in Nuba student associations,
identify themselves as Nuba, and share the belief that Nuba languages and cultures should not be assimilated into Arab culture. These claims contradict what
many of these students practice, which demonstrates how these young people are
sensitive to the loss of their cultural integrity. And towards me as a foreign researcher interested in their language and culture, they exhibited pride in being
Nuba. The text messages above provide evidence for the type of in-group intimacy possible through texting. Personalized labels establishing place identity are
used to create alignment. Joseph and Wakeel's messages draw from the same
strategies of inclusiveness through in-group labels of either place or origin. However, the text messages exhibit different degrees of inclusion across the dyads.
Joseph and his friends are aligned through the supra-ethnonym 'Nuba' and even
the more sub-regional Nuba identity of the Kadugli area, while Wakeel creates
unity within his group through narrower labels, the specific G clan names. These
variable labels of origin represent different deictic positions. For Joseph and Wakeel, the choice of location formulation – both polysemous instances of *balad*

(home) – is dependent on other contextual factors. The next section offers additional evidence from mobile-phone use for this difference.

Being Nuba in the city: Different meanings of *Balad*

The individuals in these two cases demonstrate a range of approaches to being Nuba in the city, varying in terms of how long they have lived in Khartoum, Nuba and elsewhere, their studies, their plans for the future, the company they keep and their language skills. While acculturation is individual, there are patterns that seem to transcend individuals and apply to both groups. Following the methodology of Horst & Miller (2006: 91-93), I examined the names on the mobile-phone owner's contact lists to understand these students' networks better. Ekhlas, from G, for example, had 95 names in total (Table 9.1). Of these, 69 were either kin relations or they were from the same G tribe, compared with many fewer contacts from other Nuba tribes. All but three of this kin/G network resided outside the Nuba area, mostly in Greater Khartoum. Ensaf (Table 9.2) balances her G network with a few more 'other' friends in Khartoum but maintains roughly the same ratio of kin/G contacts in Khartoum and the Nuba Mountains.

Table 9.1   Ekhlas

Location/relation	Kin/G	Nuba other	Friends other	
Nuba mountains	3	6		
Khartoum	38	5	9	
Sudan other	28		6	
Total	69	11	15	Total: 95

Table 9.2   Ensaf

Location/relation	Kin/G	Nuba other	Friends other	
Nuba mountains	2			
Khartoum	44	2	32	
Sudan other	33	6	4	
Total	79	8	36	Total: 123

    Clearly this data would need to be coupled with frequency of interaction to understand the real strength of the G network *vis-à-vis* others but when compared with the contact lists in Joseph's network, some differences nonetheless seem clear. Suzanne, from K, recently lost her phone and is now rebuilding her network but the ratio of family to non-Nuba friends is much smaller (Table 9.3).

Table 9.3   Suzanne

Location/relation	Kin/K	Nuba other	Friends other	
Nuba mountains	3			
Khartoum	15	2	15	
Sudan other	11			
Total	29	2	15	Total: 46

Baker, a friend of Joseph's from the Temein tribe in the Nuba region, has comparatively more 'other' Nuba friends from different tribes than the women do (Table 9.4). This held too for the men from Joseph's group including Baha who has around 30 Nuba 'other' friends and Angelo who claims 29 Nuba 'other' friends, 42 kin/Temein relations and 68 non-Nuba friends.

Table 9.4   Baker

Location/relation	Kin/Temein	Nuba other	Friends other	
Nuba mountains	20	4		
Khartoum & Sudan other	21	13	16	
Total	41	17	16	Total: 74

Joseph's group in general revealed a more mixed social network, socializing within and also outside tribe relations. He has friends from many tribes but most of his close friends, such as Baha, are from the Nuba Mountains and not necessarily from his own tribe. Like Joseph, Baha dreams of 'returning' to the mountains although he has never lived there. He did go to his village, Ghulfan, in the Nuba Mountains for a month while I was in Khartoum and sent me messages from there saying there were no jobs and local conflicts were common. This was the second time Baha had been to his homeland although much of his network is made up of people from Ghulfan who have settled in Khartoum or are students like him with Nuba origins.

Wakeel has lived in Khartoum for ten years but says his close friends are all Nuba. After finishing his studies in accounting he will return to G village to work and develop it. According to Imen, Wakeel does not speak Arabic in the same way as the others, perhaps having learned it later, which is a significant factor in his socialization. The figures for the G women above support this more exclusive group. The G declared the importance of marrying a man from G, and admitted that a partner from a different tribe would not be acceptable. In contrast, some K women were open to marrying outside their tribe. When asked about a future wife, Joseph answered that he could not marry into an Arab tribe, 'I don't like them', and if he did, his family would reject his partner and isolate him. In spite of this, Joseph has no problem with having Arab friends.

The data in the tables above suggest that the G group's contact network consists mainly of kin and tribe relations in Khartoum who come from G village. They are seeking to better their situation by studying or working in Khartoum but most would like to return to the Nuba Mountains with their newly acquired skills in the future. In contrast, the group I met through Joseph had more mixed friendship networks, most of whom were also Nuba but they were not necessarily the same tribe, having met only in Khartoum at university through student associations. Their friendships were based on Nuba solidarity rather than cultural ties. Joseph's studies, his friends and his political activities and language choices all indicate a specific anti-Arab ideological orientation. The names in his contact list, the nicknames and the way he identified them as being from Nuba or Darfur all support this. Like Intesar's message in 3(a) above, these young Nuba students are drawing a boundary between themselves and the Arab mainstream, in spite of having spent most or all of their lives outside the Nuba Mountains region. Since they come from different tribes, different parts of Sudan and speak different languages, their common ground is their Black ethnicity and anti-Arab sentiments. Their immediate networks reflect high ethnic diversity, showing urban linkages that are equal to or more important than kin/tribal ones. However, the concept of Nuba-ness remains an important identity construct and one that shapes the way urban networks are formed.

It may not seem intuitive that Joseph's group, who seem to be in a better position to take advantage of the dominant Sudanese culture, are more likely to reject it ideologically. However, such processes are common in the literature on migrant minorities: Where there is a paradoxical weakening of ethnicity-related cultural practices (language or religion), there is a strengthening of ethnic identity (Nagel 1994) and reinforcement of the 'other'. In some senses, Joseph's group is reifying the peripheral status assigned to them by the Sudanese Arab government by adopting the regional ethnic discourse. The use of names like Nuba, Joseph and Kafi all signal the divide between them and the northern Sudanese. In contrast, as seen with the use of G clan names, G students do not emphasize their regional Nuba-ness. They do not discursively differentiate themselves from Arabs in the same way. As evidence of this latter strategy, it is common to hear Nuba people say they are from South Kordofan (the larger province where the Nuba Mountains are), leaving their exact origins vague since both Arabs and Nuba live there. Ensaf, from G, said that many people, especially girls of Nuba origin, do not admit they are Nuba but prefer to say that they are from the *bideriyya* tribe in South Kordofan, a group from a nearby region with supposed Arab genealogy.

She says however that this is changing. As people come to university, they become prouder of their origins and discuss them more openly.

Geschiere & Gugler (1998) discuss how the village (i.e. *balad* or homeland in Sudan) continues to be an important source of support for urban migrants in Africa in varying ways. For some, this involves dependence on rural relations, 'the language of kinship and solidarity' that connects individual members of the village community such as in the case of the G. But rural connections are also about group identification as a source of belonging to a collective, moral, emotional and political affair, which better characterizes Joseph's group. Joseph grew up in Dongola but when I asked where he was from he said the Nuba Mountains in spite of never having lived there. Later, when asked where he felt most at home, he said Dongola. Belonging to a place is complex, relational and contextual.

Concluding discussion:
Spatial texts and the creation of belonging

Mobile-phone dialogues, in which place names are mentioned in Sudan, not only further arrangement making but also report activities connected with known places and shared lives. This is what Arminen (2006) calls the socio-emotional significance of location, which, he notes, is tied to persons and relationships. Place names here establish a mutual context, a shared perceptual text of known places and their relationship with the people in that place. As Katz (2006: 118) observed: 'an essential aspect of the telephone is its ability to allow coordination among geographically dispersed (or even locally concentrated) people'. This suggests a broad definition of how a community and conceptions of place can be thought of collectively.

Arminen & Weilenmann (2009) argue that even in ordinary conversations organizing mobility, intimacy is maintained through 'heterotopic' spaces where contextualization is co-constructed and drawn from 'an intermingling of semiotic resources' across the two settings. Location is mentioned on several levels of details ranging from street, town, region or village, and intertwines with other relevant aspects of context. Consequently, 'location and context are both dynamic' (Arminen 2006: 319). The choice of reference term is dependant on the meaning the actor attributes to location in that context. People continue to draw on known spatial and temporal 'texts' (Laurier 2001) to bridge the spatially distant but emotionally connected world (Duranti 1997[13]). For the Nuba who have been displaced from *balad*, the spatial text reinstates them.

---

[13] Duranti (1997) does not refer to mobile phones; he's using the concept of 'spatial text' to discuss the analogous concept of physical dispositions among Samoan migrants in the US.

These latter observations are useful for the present study, a context where symbolic mention of place competes with practical ones in daily interactions. There is another body of literature that looks at the social-affective functions of mobile telephony (Kasesniemi & Rautiainen 2002; Ling & Yttri 2002; Thurlow 2003; Reid & Reid 2004; Ito & Okabe 2005; Taylor & Harper 2005). These studies point to text messaging in particular as a means for young people to socialize discreetly and extend friendships. Thurlow (2003) found that around half of all the text messages sent among university students in the UK were for socializing rather than for practical arrangements. These interactions paralleled real-life socializing and the message content was largely affective, from simple greetings to sexual flirtation. Arminen (2006) reported the symbolic uses of location telling to be present in a minority of examples in the Finnish context. But while this depiction of the mobile phone as primarily a tool for practical arrangements (Arminen 2006; Laurier 2001) works in Finland and the UK, what I witnessed among young people in Sudan was that it had a broader social function, one of connecting *ittiSaal* or keeping in touch (Lamoureaux 2009). As I have argued, keeping in touch is characterized by the maintenance of frequent contact 'just to check in' and 'see that someone is OK', and is one of the most important aspects of social life in Khartoum. As Horst & Miller (2006: 65) discovered, 'there is a marked discrepancy between cell phones in London and in Jamaica (…). The difference lies in a fundamental perception of what a cell phone as a possession signifies'. They describe 'link up' as the practice of making a high volume of short calls. In Sudan, keeping in touch merges with the importance of place identity as both are a feature of urban relationships in the context of text messages. Since the text message is interpersonal, private and mobile, it serves to index and possibly recreate in-group tendencies with respect to place identity.

In Joseph's and Wakeel's interactions, two notions of *balad* are seen: The inclusive use of Nuba-ness vs. the exclusive use of clan names among the G. Text messages and mobile-phone interactions thus bring communities together in different ways. As Duranti (1997: 342) says with respect to Samoan migrants in the US, their use of deictic terms 'can establish a cultural continuity that is otherwise defied by the built environment in which the interaction takes place (…) 'talking space' in this way then becomes another contested ground where the battle between continuity and change can be fought. It is another way of drawing the boundaries of community (…)'. These terms come with notions attached to other spatial systems of moving and being. The mobile phone brings together mobility and marginality, a site for intimacy and the (re)creation of belonging. So along with other words that index a lifestyle far away, deictic terms are culturally and not just spatially mediated. In the case of Joseph, Wakeel and their social networks, the mobile phone is neither bringing them into global circuits of interaction nor 'Balkanizing' them into lonely networked individuals. For Wakeel's group, the mobile is the glue that maintains a group of known relations from a former physical proximity to one that is now dispersed. For Joseph's, it is the means for the maintenance of belonging in the opposite sense, based on their *not* having grown up in the Nuba Mountains, a place identity based on volition, choice and political opinion. As Arminen & Weilenmann (2009: 1921) put it, '(m)obile technology does not 'free' us from places, spaces and practices, but makes them resources for communication, leading to a new, hybrid symbolic texture of everyday life'.

Photo 9.1   Nuba University student talking with people from the mountains

Nuba university students who have migrated to Khartoum are a marginalized group faced with the practical realities of participating in mainstream Sudanese life. On the one hand, they have a new urban consciousness where, when sitting in a lecture hall with hundreds of other students, one's place of origin is less meaningful. On the other hand, as they make contact with the dominant culture,

195

they are inevitably reminded of their differences. But in the city, people have more choices about how to form alliances and these do not need to be kin or tribe-based: They inevitably find new ways of connecting with others and situating themselves relative to the majority. Using a place identity may be one of a number of options for belonging and may be drawn on in different contexts with different people by the same person. As the case of Joseph's friends and the G show, these groups both proudly define themselves as Nuba, in the sense of a non-Arab ethnic category. For someone interested in the Nuba languages, this place name was only appropriate.

As discussed earlier, being Nuba is to be a member of an emerging ethnic group since there is an unclear historical basis for such a unity other than shared region. Some people are redefining themselves as part of a larger entity. Miller & Abu-Manga (1992) noted the tendency for the Nuba to use this label for themselves in the Takamul Gharb settlement in Khartoum North, where they comprised 20% of a mixed population of migrants, although internally they were a mix of over ten distinct tribes. They might also use the label Nuba followed by specific tribe, for example, Nuba-Miri or Nuba-Ghulfan. This suggests that ethnic identity should be understood as a fluid, dynamic category defined and negotiated in social interaction within groups and in relation to other groups (Nagel 1994). Nubaness is a label but also a discourse that can be varyingly employed. Naming people after places is common practice in Sudan. It is an important strategy for placing someone in the landscape where the centre is distinguished from places such as the Nuba Mountains, Darfur and the South. By giving a person a place name, a social identity is also attributed since knowing where someone is from means knowing how they are to be related to. They show us how interpersonal mobile-phone actions are not easily extracted from the physical and social landscape of Sudan. The variable definitions the Sudanese give to themselves through place-name attributions are a part of the ongoing struggle over national identity and their ability to find a place in the grid. For the mobile and marginalized Nuba, they are also a resource for creating greater or less inclusiveness in Khartoum.

References

ABDELHAY, A.K. (2010), 'The politics of writing tribal identities in the Sudan: The case of the colonial Nuba Policy', *Journal of Multilingual and Multicultural Development* 31(2): 210.
ANDERSON, B. (1991), *Imagined communities: Reflections on the origins and spread of nationalism.* London: Verson.
ARMINEN, I. (2006) 'Social functions of location in mobile telephony', *Personal and Ubiquitous Computing* 10: 319-323.
ARMINEN, I. & A. WEILENMANN (2009), 'Mobile presence and intimacy: Reshaping social actions in mobile contextual configuration', *Journal of Pragmatics* 41: 1905-1923.

BRINKMAN, I., S. LAMOUREAUX, *et al.* (2010), 'Local stories, global discussion. Websites, politics and identity in African contexts'. In: H. Wasserman, *Taking it to the streets: Popular media, democracy, and citizenship in Africa.* London, New York: Routledge.

CASTELLS, M., M. FERNANDEZ-ARDOVAL, J.L. QIU & A. SEY (2007), *Mobile communication and society: A global perspective.* Cambridge, Mass.: MIT Press.

DE BRUIJN, M., F. NYAMNJOH & I. BRINKMAN, eds (2009), *Mobile phones: The new talking drums of everyday Africa.* Bamenda, Cameroon: Langaa/African Studies Centre.

DE FINA, A. & D. SCHIFFRIN, *et al.*, eds (2006), *Discourse and identity.* Cambridge: Cambridge University Press.

DIXON, J. & K. DURRHEIM (2000), 'Displacing place-identity: A discursive approach to locating self and other', *British Journal of Social Psychology* 39: 27-44.

DOORNBOS, P. (1988), 'On becoming Sudanese'. In: T. Barnett & A. Abdelkarim, eds, *Sudan: State, capital and transformation.* London & New York: Croom Helm.

DURANTI, A. (1997), 'Indexical speech across Samoan communities', *American Anthropologist* 99(2): 342-354.

DURANTI, A. (2001), 'Universal and culture-specific properties of greetings'. In: A. Duranti, *Linguistic Anthropology: A Reader.* Cornwall: Blackwell.

GESCHIERE, P. & J. GUGLER (1998), 'The urban-rural connection: Changing issues of belonging and identification', *Africa* 68(3): 309-319.

HORST, H. & D. MILLER (2006), *The cell phone: An ethnography of communication.* New York: Berg Publishers.

ITO, M. & D. OKABE (2005), 'Technosocial situations: Emergent structurings of mobile email use'. In: M. Ito, M. Matsuda & D. Okabe, *Personal, portable, pedestrian, mobile phones in Japanese life.* Cambridge: MIT Press.

KASESNIEMI, E. & P. RAUTIAINEN (2002), 'Mobile culture of children and teenagers in Finland'. In: J. Katz & M.A. Aakhus, *Perpetual contact: Mobile communication, private talk, public performance.* Cambridge: Cambridge University Press.

KATZ, J.E. (2006), *Magic in the air: Mobile communication and the transformation of social life.* New Brunswick, NJ: Transaction Publishers.

LAMOUREAUX, S. (2009), 'Message in a mobile: Mixed messages, tales of missing and mobile communities at the University of Khartoum', MA Thesis, University of Leiden.

LAURIER, E. (2001), 'Why people say where they are during mobile phone calls', *Environment and Planning D: Society and Space* 19: 485-504.

LING, R. (2004), *The mobile connection: The cell phone's impact on society.* San Francisco: Morgan Kaufmann.

LING, R. & B. YTTRI (2002), 'Hyper-coordination via mobile phone in Norway'. In: J. Katz & M. Aakus, *Perpetual contact: Mobile communication, private talk, public performance.* New York: Cambridge University Press, pp. 129-159.

LOIZOS, P. (2006), 'Sudanese engagements: Three films by Arthur Howes (1950-2004)', *Visual Anthropology* 19(2): 353-363.

MILLER, C. & A-A. ABU-MANGA (1992), *Language change and national integration, rural migrants in Khartoum.* Khartoum: Garnett-Khartoum University Press.

MYERS, G. (2006), '"Where are you from?": Identifying place', *Journal of Sociolinguistics* 10(3): 320-343.

NADEL, S.F. (1947), *The Nuba: An anthropological study of the Hill tribes in Kordofan.* London: Oxford University Press.

NAGEL, J. (1994), 'Constructing ethnicity: Creating and recreating ethnic identity and culture', *Social Problems* 41(1): 152-176.

NIBLOCK, T. (1987), *Class and power in the Sudan: The dynamics of Sudanese politics, 1898-1985.* London: MacMillan.

REID, D. & F. REID (2004), *Insights into the social and psychological effects of text messaging.* Plymouth, UK, University of Plymouth Working Paper.

SCHEGLOFF, E.A. (1972), 'Notes on a conversation practice: Formulating place'. In: D. Sudnow, ed., *Studies in Social Interaction*. Glencoe, IL: Free Press, pp. 75-119, 432-433.

SCOTT, J.C., J. TEHRANIAN, *et al.* (2002), 'The production of legal identities proper to states: The case of the permanent family surname', *Comparative Studies in Society and History* 44: 4-44.

STEVENSON, R. (1984), *The Nuba people of Kordofan province: An ethnographic survey*. University of Khartoum: Graduate College Publications.

TAYLOR, A. & R. HARPER (2005), 'The gift of the gab? A design-oriented sociology of young people's use of mobiles', *Journal of Computer Supported Co-operative Work* 12(3): 267-296.

THELWALL, R. (1983), 'The linguistic settlement of the Nuba Mountains', *Sprache und Geschichte in Afrika* 5: 219-231.

THURLOW, C. (2003), 'Generation Txt? The sociolinguistics of young people's text-messaging', *Discourse Analysis Online* 1(1).

List of authors

Khalil Alio received his Ph.D. from the Philipps University (Marburg, Germany) on the basis of a thesis in the field of Afro-Asiatic and Chadic Languages. He taught at the University of Maiduguru in Nigeria, was associated to the University of Los Angeles, USA and is currently working as Professor of African Linguistics at the University of N'Djamena, Chad, where he has also been Vice-Chancellor. His publications include a description of the Bidya language (Berlin 1986), a lexicon (Frankfurt 1989) and an edition with Bidya oral literature (Cologne 2004) and articles in various journals.

Inge Brinkman (Ph.D., Leiden, 1996) has been engaged in various projects on socio-cultural History at Cologne University (Germany), Ghent University (Belgium) and the African Studies Centre (Leiden, The Netherlands). Currently she is attached to the African Studies Centre in Leiden where she is working on the 'Mobile Africa Revisited' programme studying the relationship between mobility, communication technologies and social hierarchies. Her publications include *A war for people* (on the war in Angola), *Bricks, mortar and capacity building* (on the history of development cooperation) and (together with Mirjam de Bruijn and Francis Nyamnjoh) *Mobile phones. The new talking drums of Africa*, as well as articles in several journals.

Mirjam de Bruijn is Professor of Contemporary History and Anthropology of West and Central Africa at Leiden University and senior researcher at the African Studies Centre in Leiden. She has published widely on nomadic societies and on the relations between culture and poverty, crisis and identity. One of her current research programmes 'Mobile Africa Revisited' focuses on ICTs in Africa, within this framework she edited (together with Francis Nyamnjoh and Inge Brinkman) *Mobile phones. The new talking drums of Africa* (2009). Her new research programme 'Connecting in times of duress' will delve into new developments of social media in conflict areas in Africa. She co-edited the book *The social life of connections in Africa* (2012, Palgrave MacMillan).

Fatima Diallo has a Master's Degree in Public Law from Gaston Berger University, Senegal, and a Professional Master's Degree in Cyberspace Law funded by the Association of Universities of the Francophonie. Having previously taught at the School of Law at Ziguinchor University and Gaston Berger University, she is now doing a PhD in legal anthropology at the African Studies Centre of Leiden

University in the Netherlands. She is a team member of the 'Mobile Africa Revisited' project. She is also part of the steering committee of the African Network of Constitutional Lawyers, where she acts as the co-convenor of the Access to Information Working Committee. Her research interests are governance in conflict zones, legal and judicial pluralism, constitutionalism, access to justice and human rights, public information, public space, and power relations in African bureaucracies.

Tangie Nsoh Fonchingong holds a Ph.D. in Political Science and.is currently senior lecturer in the Department of Political Science and Public Administration of the University of Buea, Cameroon. He has researched and published widely on Cameroon. His edited book entitled *Cameroon: The Challenges of Governance and Development* was published in 2009 by Langaa Research and Publishing CIG. He has articles in many academic journals the most recent of which include *Journal of African Policy Studies* (16, 1, 2010); *African Journal of Social Sciences*.(1, 3, 2010*); Africa Insight* (40, 3, 2011); and *Tropical Focus* (12, 1,2011). Fonchingong.is currently researching the politics of transnational migration focusing on Nigerian migrants in Anglophone Cameroon.

Imke Gooskens is currently finishing a PhD in Social Anthropology at the University of Cape Town. She has worked for various NGO's using media for development, teaching basic video production skills and managing projects, has co-produced a documentary on the life of young refugees in Cape Town, and conducted research for the publication "Growing Up in the New South Africa: Childhood and Adolescence in Post-Apartheid Cape Town" (Bray, R. et al, 2010). Her main interests are research with and about children and young people, visual media, migration and trans-nationalism.

Naffet Keïta est titulaire d'un doctorat en anthropologie. Il a travaillé sur les questions d'ethnicité, de territorialité, de migration, de foncier et d'accès aux ressources naturelles, de genre et sur la gouvernance des organisations de sociétés civiles en Afrique de l'Ouest. Aujourd'hui, M. Keïta co-dirige un réseau de recherche comparative portant « Socio-anthropologie du changement social en Afrique de l'Ouest » financé par le CODESRIA et il est le responsable pays (Mali) du Programme « Mobile Africa Revisited » coordonné par Mirjam de Bruijn, financé par la Fondation WOTRO. Il enseigne à l'Université des Lettres et des Sciences Humaines de Bamako (ULSH – DER Sociologie – Anthropologie), à l'ISFRA.

Siri Lamoureaux is currently a PhD researcher at the Max Planck Institute for Social Anthropology in Halle (Saale), Germany. For her fieldwork she looked at a Nuba (Moro) indigenous literacy movement in the context of conflict, marginalization and Christianization in the Arab-Islamic state of northern Sudan. She combined approaches from anthropology and sociolinguistics in the current chapter as well as in other recent publications on language use, identity, media and literacy in the Sudan. She previously obtained a Master's degree in linguistics from the University of Oregon in the US and in African Studies from the University of Leiden in the Netherlands.

Walter Gam Nkwi holds a Ph.D. in Social History from Leiden University, The Netherlands. He is currently a Visiting Fellow at the International Institute of Social History (IISH), Amsterdam. He has published in peer review journals, books and book chapters. His latest publications are: *Kfaang and its Technologies: Towards a Social History of Mobility in Kom, Cameroon; Sons and daughters of the Soil: Land and Boundary Conflicts in the Bamenda Grassfields of Cameroon, 1955-2005; Voicing the Voiceless: Contributions To Filling Gaps in Cameroon History, 1958-2009.* Together with Francis B. Nyamnjoh and Piet Konings, he edited, *University Crisis and Student Protests in Africa: The 2005-2006 University Students Strike in Cameroon (*Mankon, Bamenda: Laanga CIPRG, 2012)

Francis B. Nyamnjoh has taught Sociology, Anthropology and Communication Studies at universities in Cameroon, Botswana and South Africa, and is currently Professor of Anthropology at the University of Cape Town. He has published widely on globalization, citizenship, media and the politics of identity in Africa, with his recent books including *Africa's Media, Democracy and the Politics of Belonging* (2005) and *Insiders and Outsiders: Citizenship and Xenophobia in Contemporary Southern Africa* (2006). He has also published various novels, the most recent being *Souls Forgotten* (2008), *The travail of Dieudonné* (2008) and *Married but available* (2009). One of his current research programmes is 'Mobile Africa Revisited' and within this framework he edited (together with Mirjam de Bruijn and Inge Brinkman) *Mobile phones. The new talking drums of Africa* (2009).

Henrietta Nyamnjoh is a doctoral student at the African Studies Centre, Leiden. Her research focus is on migration, where she carried out research amongst the Senegalese boat migrants. She is currently working on the use of Information and Communication Technologies amongst Cameroonian migrants in South Africa, The Netherlands and Cameroon. The study seeks to understand mobile communities' appropriation of the new Information and Communication Technologies to link home and host country and the wider migrant community.

Djimet Seli, de nationalité tchadienne, a fait des études d'Histoire et de Communication à l'Université de N'Djamena de 1998 à 2006. Il est actuellement doctorant à l'université et Centre d'Etudes Africaines à Leiden (Pays-Bas). Il travaille sur le conflit-mobilité-communication sur les populations hadjeray au Tchad où il essaie de comprendre le rôle de la communication dans la dynamique identitaire dans une société de crises.

www.ingramcontent.com/pod-product-compliance
Lightning Source LLC
Chambersburg PA
CBHW081739270326
41932CB00020B/3330